Prof. Dr. Ravi Bachubhai Patel

Análise de drogas específicas através de Testes de rastreio

Prof. Dr. Ravi Bachubhai Patel

Análise de drogas específicas através de Testes de rastreio

Imprint

Any brand names and product names mentioned in this book are subject to trademark, brand or patent protection and are trademarks or registered trademarks of their respective holders. The use of brand names, product names, common names, trade names, product descriptions etc. even without a particular marking in this work is in no way to be construed to mean that such names may be regarded as unrestricted in respect of trademark and brand protection legislation and could thus be used by anyone.

Cover image: www.ingimage.com

This book is a translation from the original published under ISBN 978-620-7-84148-6.

Publisher:
Sciencia Scripts
is a trademark of
Dodo Books Indian Ocean Ltd. and OmniScriptum S.R.L publishing group

120 High Road, East Finchley, London, N2 9ED, United Kingdom
Str. Armeneasca 28/1, office 1, Chisinau MD-2012, Republic of Moldova, Europe
Printed at: see last page
ISBN: 978-620-8-05225-6

Análise de medicamentos específicos através de Testes de rastreio

Índice

INTRODUÇÃO 3

REVISÃO DA LITERATURA.. 66

OBJECTIVO E ÂMBITO DE APLICAÇÃO 71

RECOLHA E PREPARAÇÃO DE AMOSTRAS 73

METODOLOGIA 77

OBSERVAÇÕES 82

RESULTADOS E CONCLUSÕES 86

SIGNIFICADO FORENSE.. 89

BIBLOGRAFIA 91

CAPÍTULO -1
INTRODUÇÃO

INTRODUÇÃO:

DROGAS:

Entende-se por droga qualquer substância química capaz de induzir alterações fisiológicas e, se for caso disso, psicológicas, quando consumida por um organismo.

Esta definição distingue normalmente as drogas de substâncias como os alimentos, que oferecem principalmente valor nutricional.

As drogas podem entrar no corpo através de várias vias, incluindo inalação, injeção, fumo, ingestão, absorção através de adesivos cutâneos, administração como supositório ou dissolução sob a língua.

No domínio da farmacologia, um medicamento é um composto químico, geralmente com uma estrutura bem definida, que, após administração a um organismo vivo, desencadeia uma resposta biológica específica.

Designadas por drogas farmacêuticas, medicamentos ou fármacos, estas substâncias servem diversos objectivos, desde o tratamento, cura, prevenção ou diagnóstico de doenças até à melhoria do bem-estar geral.

Enquanto as fontes tradicionais de medicamentos incluíam extracções de plantas medicinais, os métodos modernos baseiam-se cada vez mais na síntese orgânica.

Os medicamentos abrangem um amplo espetro de compostos e são frequentemente classificados em classes de medicamentos.

Estas classes compreendem grupos de medicamentos relacionados, caracterizados por estruturas químicas semelhantes, mecanismos de ação (ligação a alvos biológicos idênticos) e modos de funcionamento destinados a tratar condições médicas semelhantes.

Quer sejam utilizados temporariamente ou como parte do tratamento a longo prazo de doenças crónicas, os medicamentos desempenham um papel crucial nas práticas modernas de cuidados de saúde.

DROGAS ILÍCITAS:

Uma droga ilícita é uma droga cujo consumo é ilegal (por exemplo, canábis, heroína e cocaína) e o consumo não médico de drogas que estão legalmente disponíveis, como analgésicos e comprimidos para dormir.

O consumo de drogas ilícitas pode levar a problemas de saúde, incluindo

- lesão
- doenças crónicas (problemas cardíacos e hepáticos)
- vírus transmitidos pelo sangue (infecções como a hepatite e o VIH)

- níveis mais baixos de bem-estar social e emocional (problemas de saúde mental)
- risco acrescido de suicídio.

Toda a comunidade pode ser afetada pelos impactos negativos associados ao consumo de drogas ilícitas, tais como um risco acrescido de danos para as crianças e as famílias, bem como de violência, agressão e crime.

DROGAS DE ABUSO:

A toxicodependência, também designada por abuso de drogas, refere-se ao uso indevido de uma substância através de quantidades excessivas ou métodos nocivos prejudiciais para o indivíduo ou para outros, constituindo uma forma de perturbação relacionada com a substância.

São aplicadas diferentes definições de toxicodependência em vários sectores, como a saúde pública, a medicina e a justiça penal.

Em alguns casos, pode ocorrer um comportamento criminoso ou antissocial induzido pela droga, com potenciais alterações de personalidade a longo prazo nos indivíduos afectados. Para além dos potenciais danos físicos, sociais e psicológicos, o consumo de certas drogas pode resultar em sanções legais, que variam muito consoante a jurisdição local.

As drogas normalmente associadas ao abuso de substâncias incluem o álcool, anfetaminas, barbitúricos, benzodiazepinas, canábis, cocaína, alucinogénios, metaqualona e opiáceos.

A causa exacta da toxicodependência continua por esclarecer, embora existam duas teorias predominantes: uma que sugere uma predisposição genética e outra que implica comportamentos aprendidos a partir de influências sociais, potencialmente conducentes à dependência, que se manifesta como uma doença crónica e debilitante.

As estatísticas revelam o impacto global generalizado do abuso de substâncias. Em 2010, cerca de 5% da população mundial (230 milhões de pessoas) declararam consumir substâncias ilícitas, sendo que 27 milhões consumiam drogas de alto risco, caracterizadas por consumos recorrentes que provocam problemas de saúde, psicológicos e sociais que as colocam em risco.

Em 2015, as perturbações associadas ao consumo de substâncias resultaram em 307 400 mortes, um aumento notável em relação às 165 000 mortes registadas em 1990. Os números mais elevados de mortes resultaram de perturbações relacionadas com o consumo de álcool (137 500 mortes), de perturbações relacionadas com o consumo de opiáceos (122 100 mortes), de perturbações relacionadas com o consumo de anfetaminas (12 200 mortes) e de perturbações relacionadas com o consumo de cocaína (11 100 mortes). Estes números sublinham as ramificações multifacetadas e preocupantes do abuso de substâncias nos indivíduos e nas sociedades a nível mundial.

HISTORIAL DE CONSUMO DE DROGAS:

Cronograma aproximado: -

- 6000 a.C.: fabrico de cerveja na Suméria e fermentação de vinho no Egito.
- 4000 a.C.: Utilização de estupefacientes (especialmente ópio) na Índia.
- 3000 a.C.: A mastigação da coca era praticada em toda a América do Sul.
- 2337 A.C: Marijuana medicinal e recreativa na China.
- 1600 a.C.: Os mexicanos pré-colombianos utilizam nas suas colecções medicinais substâncias que vão desde o tabaco a plantas que expandem a mente (alucinogénios).
- 400 a.C.: Hipócrates interessou-se pelos sais inorgânicos como medicamentos (extrato de plantas).

RELATÓRIOS SOBRE A DROGA DE ABUSO NA ÍNDIA:

Um relatório recente, publicado conjuntamente pelo Gabinete das Nações Unidas para a Droga e o Crime e pelo Ministério da Justiça Social da Índia, lança luz sobre a questão generalizada do consumo de droga entre milhões de indianos.

Apesar de ter sido concluído há mais de 18 meses, a publicação do relatório foi adiada devido à relutância do anterior governo do Partido Bhartiya Janata (BJP) em reconhecer as suas conclusões.

A relutância resultava da perceção de um choque com os valores culturais indianos e da relutância em abordar o que era considerado embaraçoso.

O relatório, baseado num inquérito domiciliário nacional a mais de 40.000 homens e rapazes com idades compreendidas entre os 12 e os 60 anos, juntamente com estudos subsidiários centrados nas mulheres, nos reclusos e nas populações rurais e fronteiriças, revelou tendências alarmantes.

O álcool, a canábis, o ópio e a heroína foram identificados como as principais substâncias consumidas indevidamente em todo o país. As drogas injectáveis, como a buprenorfina, o propoxifeno e a heroína, foram predominantes, desfazendo o mito de que a toxicodependência é apenas um problema urbano.

O relatório revelou também que o consumo de drogas injectáveis e os comportamentos de risco associados foram observados tanto nas zonas urbanas como nas rurais.

Surpreendentemente, o abuso de heroína e o consumo de drogas injectáveis não se limitaram aos estados do nordeste, como geralmente se pensa, mas também foram registados nas zonas rurais da Índia.

Preocupantemente, a partilha de seringas era comum, indicando um risco acrescido de transmissão do VIH e de outras doenças transmitidas pelo sangue.

O relatório estima que, numa população de mais de mil milhões de habitantes, 62,5 milhões de indivíduos consomem álcool, 8,75 milhões consomem canábis, dois milhões consomem opiáceos e 0,6 milhões consomem sedativos ou hipnóticos.

Uma proporção significativa, estimada entre 17% e 26%, é classificada como utilizadores dependentes que necessitam de tratamento urgente.

No entanto, o desafio reside em motivar os indivíduos a procurar tratamento, especialmente tendo em conta os números surpreendentes: cerca de 0,5 milhões de consumidores de opiáceos, 2,3 milhões de consumidores de cannabis e 10,5 milhões de consumidores de álcool potencialmente necessitados de assistência.

O Dr. Rajat Ray, principal autor do relatório, sublinhou a necessidade não só de criar centros de tratamento, mas também de envolver e informar ativamente as comunidades sobre os serviços de apoio disponíveis.

Apesar das estatísticas sombrias, há esperança numa intervenção e tratamento eficazes. Gary Lewis, representante regional para o Sul da Ásia do Gabinete das Nações Unidas para a Droga e o Crime, sublinhou a importância de abordar a questão de forma abrangente, tanto em meio urbano como rural, para travar a onda de consumo abusivo de droga na Índia.

O governo indiano lançou várias medidas para combater a toxicodependência, incluindo campanhas de sensibilização para a droga dirigidas às instituições de ensino e às comunidades.

Foram criados centros de tratamento e de reabilitação para prestar apoio às pessoas que lutam contra a dependência.

Os serviços responsáveis pela aplicação da lei trabalham incansavelmente para travar as actividades de tráfico e desmantelar as redes de drogas ilícitas.

No entanto, desafios como o financiamento inadequado, o acesso limitado aos cuidados de saúde nas zonas rurais e o estigma associado à dependência continuam a impedir o progresso.

A abordagem da toxicodependência na Índia exige um esforço concertado que envolve a colaboração entre agências governamentais, organizações não governamentais, prestadores de cuidados de saúde e partes interessadas da comunidade.

Dando prioridade à prevenção, alargando o acesso ao tratamento e reforçando as medidas de aplicação da lei, podem ser feitos progressos no sentido de atenuar os efeitos adversos da toxicodependência nos indivíduos e na sociedade em geral.

É imperativo reconhecer que a toxicodependência é um problema complexo de saúde pública e trabalhar coletivamente para resolver as suas causas e consequências.

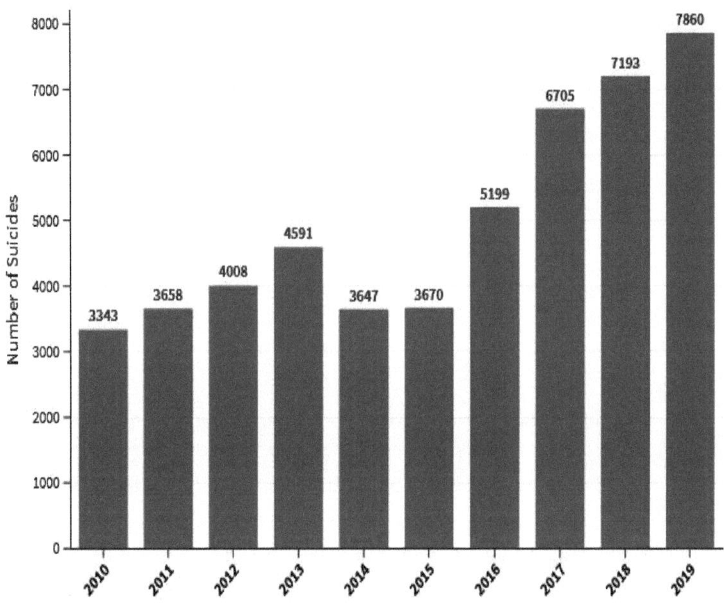

Figura 1.1 Um relatório que mostra as estatísticas fornecidas pelo relatório NCRB

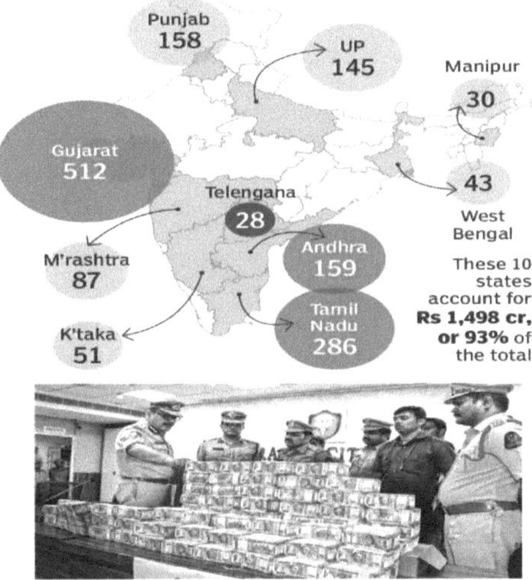

Figura 1.2 Relatório apresentado pela Time of India - 2019 que mostra que Gujarat lidera o total de apreensões na Índia

Os dados apresentados na Rajya Sabha na quarta-feira indicam que <u>Gujarat</u> tem cerca de 6,9 lakh de pessoas viciadas em sedativos, com uma prevalência de 2,3% na população. Com este número, o Estado situa-se entre os cinco primeiros em termos de dependência de sedativos na Índia.

USO INDEVIDO DE DROGAS:

O abuso de drogas engloba o uso inadequado de medicamentos prescritos com propriedades sedativas, ansiolíticas, analgésicas ou estimulantes, muitas vezes com o objetivo de alterar o humor ou intoxicar, ignorando os riscos inerentes de sobredosagem e efeitos adversos. Este comportamento envolve frequentemente o desvio de medicamentos dos seus destinatários prescritos.

A definição de utilização indevida de medicamentos sujeitos a receita médica não é coerente e varia em função de factores como o estatuto de prescrição do medicamento, a sua utilização sem autorização médica, o consumo intencional para efeitos de intoxicação.

O uso prolongado de certas substâncias pode levar ao desenvolvimento de tolerância no sistema nervoso central, exigindo doses maiores para alcançar os efeitos desejados.

Além disso, a interrupção ou redução do consumo pode precipitar sintomas de abstinência, embora tal varie consoante a substância.

Nos Estados Unidos, a prevalência do consumo de medicamentos sujeitos a receita médica ultrapassou a do consumo de drogas ilegais, marcando uma mudança significativa na sociedade.

De acordo com o Instituto Nacional de Abuso de Drogas, em 2010, cerca de 7 milhões de pessoas consumiram medicamentos sem receita médica, ocupando o segundo lugar entre os alunos do 12.º ano, a seguir a muitos outros medicamentos para além da canábis.

De forma preocupante, as estatísticas indicam uma prevalência notável do uso não médico de opiáceos como o Vicodin e o OxyContin entre os finalistas do ensino secundário, sendo que os opiáceos como o Fentanil representam um perigo ainda maior devido à sua potência.

Existem várias formas de obter medicamentos sujeitos a receita médica para uso indevido, incluindo a partilha entre conhecidos, a compra ilegal na escola ou no trabalho e a prática de "compra de médicos" para obter várias receitas sem o conhecimento de outros prestadores de cuidados de saúde.

Os serviços responsáveis pela aplicação da lei responsabilizam cada vez mais os médicos pela prescrição de substâncias controladas sem controlos adequados dos doentes, como os contratos de medicamentos.

Os médicos preocupados estão a educar-se para identificar o comportamento de procura de medicamentos e a reconhecer os "sinais de alerta" indicativos de um potencial abuso de medicamentos sujeitos a receita médica, num esforço para atenuar este problema crescente.

RAZÕES PARA O CONSUMO DE DROGAS:

Os resultados do consumo de droga são apresentados em três secções: -

A secção A apresenta uma análise dos dados nacionais compostos, juntamente com dados de Estados específicos.

A secção B fornece informações relacionadas com os vários tipos de medicamentos e

A secção C analisa as diferenças entre as zonas rurais e urbanas no consumo de droga

A. DADOS COMPÓSITOS NACIONAIS E ESPECÍFICOS DO ESTADO:

IDADE:

A idade média dos indivíduos consumidores de drogas a nível nacional era de 35,3 anos. A maior proporção de toxicodependentes pertencia ao grupo etário dos 31-40 anos, constituindo 36,9% da amostra, seguido do grupo etário dos 21-30 anos, com 33,1%.

Cerca de 5% dos utilizadores da amostra tinham menos de 20 anos. Um quarto dos toxicodependentes tinha mais de 40 anos, o que indica uma ampla distribuição etária entre os que procuram tratamento no estudo.

É de salientar que os toxicodependentes que procuraram tratamento estavam principalmente nos seus anos produtivos.

Alguns estados apresentavam um número significativo de jovens toxicodependentes, sobretudo com menos de 20 anos, sendo Mizoram (37,9%), Jammu e Caxemira (18,5%) e Nagaland (16,7%) os que mais contribuíam para isso. Em contrapartida, os indivíduos mais velhos, com mais de 40 anos, eram mais prevalentes em Estados como Tamil Nadu (45,8%), Kerala (44,8%), Goa (41,7%), Pondicherry, Karnataka e Andhra Pradesh (39% cada).

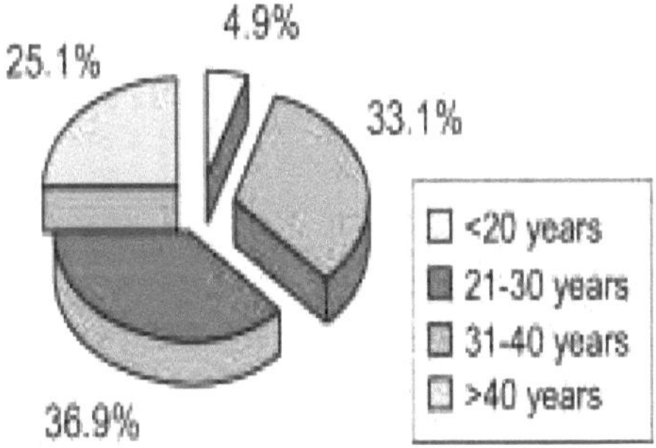

Figura 1.3 Distribuição etária dos toxicodependentes

SEXO:

A esmagadora maioria dos indivíduos eram homens (97,2%). Havia algumas mulheres toxicodependentes, mais frequentemente registadas em Andhra Pradesh (10,5%), Manipur (9,8%) e Mizoram (6,9%).

ESTADO CIVIL:

A maioria dos utilizadores (71,9%) era casada, e menos de um quarto dos indivíduos era solteiro (22,8%). Muito poucos eram divorciados (1,2%). Tamil Nadu (90,0%), Gujarat (89,5%), Haryana (85,4%) e Andhra Pradesh (83,2%) registaram percentagens mais elevadas de toxicodependentes casados. Os toxicodependentes solteiros eram tendencialmente de Mizoram e Nagaland.

ESTATUTO ACADÉMICO:

Um número significativo de pessoas que procuraram tratamento no estudo tinha formação académica, sendo que apenas cerca de 15% da amostra era analfabeta. Cerca de 42% tinham concluído o ensino secundário ou superior.

Cerca de 12 por cento eram licenciados.

Foram registadas proporções mais elevadas de analfabetos em Rajasthan (34,4%), Andhra Pradesh (28,0%) e Uttar Pradesh (25,7%). Em contrapartida, foram registados níveis de educação mais elevados em Mizoram, Nagaland, Himachal Pradesh e Assam.

EMPREGO E ACTIVIDADE PROFISSIONAL:

A maioria dos inquiridos (cerca de 70%) estava empregada. 12,4% nunca tiveram emprego e outros 7,4% estavam atualmente desempregados. Os estudantes constituíam 3,5% da amostra.

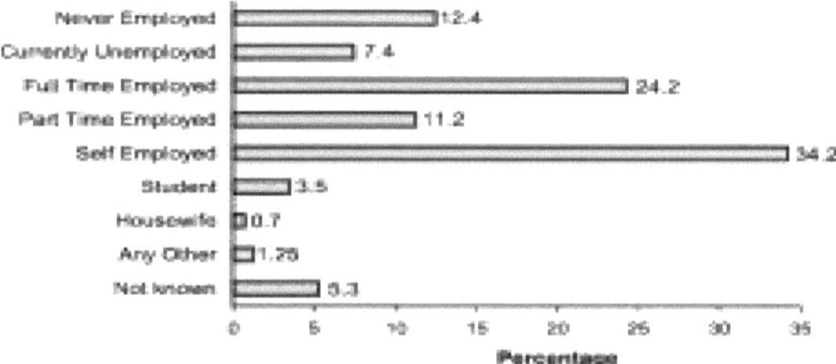

Figura 1.4 Distribuição da situação profissional entre os toxicodependentes

Alguns Estados registaram um número muito elevado de inquiridos "nunca empregados", nomeadamente Mizoram (48,1%), Nagaland (46,1%) e Gujarat (32,1%).

Foram registadas proporções elevadas de estudantes toxicodependentes em Mizoram (27,0%) e Nagaland (26,5%).

Quase um quarto (23,3%) dos toxicodependentes da amostra tinham como profissão agricultores e/ou pescadores; cerca de 12% eram trabalhadores dos serviços e 16% eram operários.

A agricultura e/ou a pesca foram mais frequentemente referidas como actividades profissionais em Tamil Nadu, Punjab, Rajasthan e Haryana. A profissão de operário foi mais frequentemente referida em Andhra Pradesh e Gujarat.

RENDIMENTO MENSAL E DESPESAS COM MEDICAMENTOS:

O rendimento médio dos toxicodependentes que procuravam tratamento era de 3408 rupias (73 dólares americanos) por mês. O rendimento mediano era de 2200 rupias (47 dólares) por mês.

Apenas uma minoria dos inquiridos (cerca de 13%) tinha um rendimento superior a 5000 rupias (107 USD) por mês.

Em comparação com o rendimento médio mensal de cerca de 3408 rupias (73 dólares americanos), a despesa média mensal atual com medicamentos foi de 1653 rupias (35 dólares americanos).

Assim, os sujeitos da amostra gastavam quase 50% do seu rendimento em drogas. Este cenário de despesas elevadas com o consumo de drogas foi ainda mais complicado pelo facto de a maioria dos inquiridos ter declarado que as suas despesas com drogas estavam a aumentar.

Alguns inquiridos de Nagaland, Himachal Pradesh, Jammu & Kashmir e Meghalaya referiram níveis de rendimento mais elevados do que a média nacional.

DISTRIBUIÇÃO RURAL-URBANA:

Os inquiridos estavam quase igualmente distribuídos entre as zonas rurais e urbanas, sendo 51,7% provenientes de zonas rurais e 48,3% de zonas urbanas.

As percentagens mais elevadas de toxicodependentes rurais registaram-se em Goa (78,0%) e no Punjab (77,5%), ao passo que o número mais elevado de toxicodependentes urbanos que solicitaram tratamento foi registado em Mizoram (91,0%) e Meghalaya (90,7%).

ANTECEDENTES FAMILIARES:

Cerca de 30 por cento dos pais da amostra atual não possuíam competências de literacia. Estes pais ocupavam-se principalmente de actividades agrícolas ou piscatórias.

No entanto, uma parte notável, entre 14 e 35%, não revelou as habilitações literárias e profissionais dos pais.

As taxas de analfabetismo entre os pais de toxicodependentes de ópio eram notoriamente mais elevadas em regiões como Punjab, Pondicherry e Jammu & Kashmir.

Cerca de 50% das mães também eram analfabetas, com Pondicherry, Haryana, Punjab e Rajasthan a registarem taxas mais elevadas de analfabetismo materno.

ANTECEDENTES FAMILIARES DE TOXICODEPENDÊNCIA:

Os estudos indicam que cerca de metade dos indivíduos que consomem drogas têm um familiar que também consome drogas.

Entre estes membros da família, os pais constituem a maioria. Em regiões como Tamil Nadu, Kerala, Mizoram, Himachal Pradesh e Pondicherry, a prevalência da toxicodependência no seio das famílias é notoriamente mais elevada do que noutros estados da Índia.

Esta análise estatística sublinha o impacto significativo das influências familiares nos padrões de consumo de drogas. Sugere que a dinâmica familiar e os factores ambientais desempenham um papel crucial na formação dos comportamentos individuais relacionados com a toxicodependência.

A compreensão destas dinâmicas pode contribuir para o desenvolvimento de intervenções específicas e de sistemas de apoio destinados a prevenir e a resolver os problemas da toxicodependência nas famílias e nas comunidades.

Os esforços para combater a toxicodependência não devem centrar-se apenas no comportamento individual, mas também considerar o contexto social mais alargado em que ocorre a toxicodependência.

Ao abordar os factores familiares e sociais que contribuem para a toxicodependência, as partes interessadas podem trabalhar no sentido de criar ambientes mais saudáveis e mais favoráveis, conducentes a resultados comportamentais positivos e a um melhor bem-estar geral.

IDADE DA PRIMEIRA UTILIZAÇÃO:

A idade média em que os indivíduos iniciam o consumo de droga é de 24,0 anos. É de salientar que cerca de um décimo dos consumidores (9,7%) inicia o consumo de droga antes dos 15 anos, enquanto um pouco mais de um quarto começa entre os 16 e os 20 anos.

Quase metade dos inquiridos começa a consumir drogas entre os 21 e os 30 anos, como mostra a Figura.

Além disso, regiões como Mizoram, Meghalaya, Rajasthan, Jammu e Caxemira e Nagaland registam uma maior prevalência de consumo precoce de droga (definido como consumo antes dos 15 anos).

Esta tendência realça a importância de compreender as variações regionais nos padrões de iniciação à toxicodependência e sublinha a necessidade de esforços de prevenção e intervenção direcionados para estas áreas.

A abordagem da iniciação precoce do consumo de drogas exige estratégias multifacetadas que tenham em conta os factores sociais, económicos e culturais que influenciam os comportamentos individuais.

Ao identificar as populações de alto risco e ao implementar programas de prevenção adaptados, as partes interessadas podem atenuar o impacto da iniciação precoce à droga e promover estilos de vida mais saudáveis entre os jovens e as comunidades.

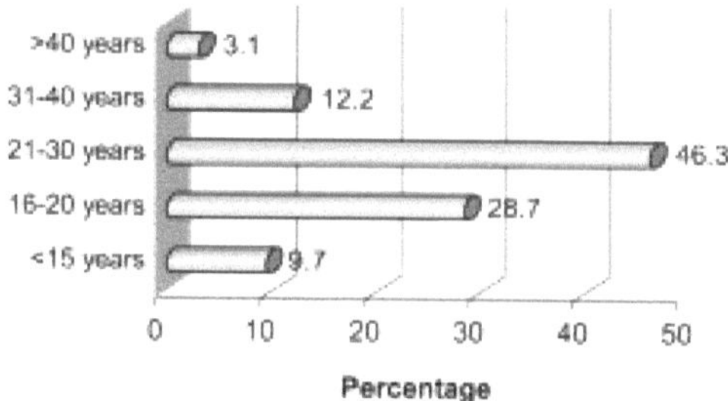

Figura 1.5 Distribuição da idade da primeira utilização

DURAÇÃO DA TOXICODEPENDÊNCIA:

A maioria dos toxicodependentes referiu que consumia drogas há mais de cinco anos (cerca de 57%). Alguns (cerca de 6%) consumiam drogas há menos de um ano.

Nos Estados de Tripura, Tamil Nadu e Karnataka, entre 75 e 80 por cento da amostra referiu ter consumido drogas entre 5 e 10 anos. Assam registou uma proporção comparativamente mais elevada de indivíduos que consumiram drogas durante dez anos ou mais. O Rajastão e o Jammu e Caxemira registaram uma proporção mais elevada de indivíduos que consumiram drogas durante menos de um ano.

DROGAS VULGARMENTE CONSUMIDAS:

O álcool, a canábis, a heroína e o ópio surgiram como as drogas mais frequentemente consumidas entre as pessoas que procuram tratamento.

A maioria dos inquiridos abusava do álcool (43,9%), seguido da cannabis (11,6%), da heroína (11,1%) e do ópio (8,6%). Muito poucos referiram o consumo de outras drogas, como propoxifeno, barbitúricos, alucinogénios e inalantes.

Cerca de 19% dos toxicodependentes referiram o abuso de vários outros compostos, como produtos do tabaco, medicamentos ayurvédicos e analgésicos não narcóticos.

O panorama da toxicodependência na Índia engloba uma variedade de substâncias que são habitualmente consumidas em diferentes regiões e grupos demográficos. Os opiáceos, incluindo a heroína e os derivados do ópio, continuam a ser uma preocupação significativa, sobretudo em estados como Punjab, Uttar Pradesh e Rajasthan.

A cannabis, conhecida localmente como Ganja ou marijuana, é amplamente consumida em estados como Kerala e Bengala Ocidental, enquanto as drogas sintéticas, como a metanfetamina e a MDMA, são cada vez mais frequentes nas zonas urbanas.

A utilização abusiva de medicamentos sujeitos a receita médica, como os opiáceos e as benzodiazepinas, está também a aumentar devido à facilidade de acesso e a uma regulamentação pouco rigorosa. As regiões costeiras, incluindo Goa e Maharashtra, enfrentam desafios associados ao tráfico de droga e ao abuso de substâncias tradicionais e sintéticas.

Para resolver o problema da toxicodependência na Índia, é necessária uma abordagem holística que inclua medidas de prevenção, tratamento e aplicação da lei.

As iniciativas governamentais, as intervenções comunitárias e as campanhas de sensibilização do público desempenham um papel crucial no combate à toxicodependência e aos seus efeitos adversos nos indivíduos e na sociedade.

Os esforços para combater as causas profundas da toxicodependência, melhorar o acesso aos serviços de tratamento e reabilitação, reforçar os mecanismos de aplicação da lei e promover a educação e a sensibilização são essenciais para atenuar o impacto da toxicodependência na saúde pública e no bem-estar social na Índia.

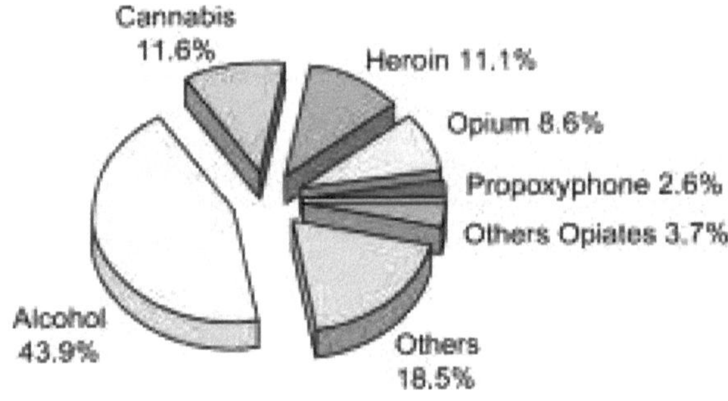

Figura 1.6 Distribuição das drogas de abuso comum

DISTRIBUIÇÃO DOS TOXICODEPENDENTES EM VÁRIOS ESTADOS:

O quadro mostra a prevalência de três drogas comumhmente consumidas em diferentes estados, ilustrando as diferentes proporções de consumidores de droga em cada estado.

É fundamental reconhecer que, embora alguns estados possam registar um número inferior de toxicodependentes para um tipo de droga específico, a distribuição do consumo de droga num estado pode ser altamente distorcida na amostra.

Em todos os Estados, a percentagem de consumidores de cannabis entre os indivíduos que procuram tratamento foi particularmente elevada em Bihar (28,9%), Himachal Pradesh (25,6%), Orissa (25,0%), Assam (24,4%) e Uttar Pradesh (18,4%).

Do mesmo modo, as proporções mais elevadas de consumidores de heroína foram identificadas em Deli (44,0%), seguida de Manipur (32,2%), Bengala Ocidental (32,1%), Rajastão (30,0%) e Orissa (20,7%).

O abuso de ópio constituiu 42,7% da amostra em Punjab e 39,8% em Rajasthan. Entretanto, Goa registou a percentagem mais elevada de consumidores de álcool (84,8%), seguida de Meghalaya (76,7%), Tripura (74,3%), Andhra Pradesh (73,0%) e Pondicherry (71,2%). Estas estatísticas sublinham as disparidades regionais nos padrões de consumo de droga na Índia.

Em conclusão, a toxicodependência na Índia representa um desafio multifacetado que engloba várias substâncias, factores socioeconómicos, influências culturais e dinâmicas regionais.

A prevalência da toxicodependência varia de país para país, sendo os opiáceos, a canábis, as drogas sintéticas e os medicamentos sujeitos a receita médica as substâncias mais frequentemente consumidas.

Enquanto alguns Estados como Punjab, Uttar Pradesh e Rajasthan se debatem com questões relacionadas com opiáceos e heroína, outros, como Kerala e Goa, enfrentam desafios associados à canábis e às drogas sintéticas.

Os Estados do Nordeste são particularmente vulneráveis devido à sua proximidade das rotas do tráfico de droga.

Os esforços para combater a toxicodependência na Índia exigem uma abordagem global e multidimensional que inclua medidas de prevenção, tratamento e aplicação da lei.

As iniciativas governamentais, incluindo campanhas de sensibilização para a droga, instalações de tratamento e esforços de aplicação da lei, desempenham um papel crucial na resolução do problema.

No entanto, continuam a existir desafios significativos, nomeadamente o financiamento inadequado dos programas de prevenção e tratamento, o acesso limitado aos cuidados de saúde nas zonas rurais, a corrupção nos serviços de aplicação da lei e o estigma associado à toxicodependência.

Além disso, a natureza evolutiva do tráfico de droga e o aparecimento de novas substâncias psicoactivas colocam desafios permanentes aos esforços destinados a reduzir a toxicodependência.

A abordagem da toxicodependência na Índia exige a colaboração entre agências governamentais, organizações não governamentais, prestadores de cuidados de saúde e partes interessadas da comunidade.

Abordando os factores socioeconómicos subjacentes, melhorando o acesso aos serviços de tratamento e reabilitação, reforçando os esforços de aplicação da lei e promovendo uma maior sensibilização e educação, podem ser feitos progressos na atenuação do impacto da toxicodependência nos indivíduos, nas famílias e nas comunidades em todo o país.

States	Most Common	Second Most Common	Third Most Common
Andhra Pradesh	Alcohol 73.0	Cannabis 11.3	Inhalants 3.6
Assam	Alcohol 59.8	Cannabis 24.4	Heroin 4.1
Bihar	Alcohol 37.1	Cannabis 28.9	Heroin 14.9
Goa	Alcohol 84.8	Cannabis 2.6	Opium 1.3
Gujarat	Alcohol 59.3	Heroin 7.7	Cannabis 5.4
Haryana	Alcohol 51.4	Opium 10.1	Cannabis 6.5
Jammu and Kashmir	Alcohol 21.1	Opium 10.5	Heroin 7.9
Karnataka	Alcohol 64.3	Heroin 1.3	Cannabis 0.4
Kerala	Alcohol 50.8	Cannabis 16.9	Minor Tranquilliser 5.3
Maharashtra	Alcohol 65.4	Other sedatives 6.9	Cocaine 5.1
Madhya Pradesh	Alcohol 43.1	Heroin 17.9	Cannabis 15.6
Manipur	Heroin 32.2	Alcohol 19.3	Inhalants 7.1
Mizoram	Propoxyphene 25.2	Alcohol 24.9	Cough syrup 19.8
Meghalaya	Alcohol 76.7	Cannabis 3.3	Heroin 1.7
Nagaland	Propoxyphene 47.3	Alcohol 14.2	Heroin 7.7
Orissa	Alcohol 30.9	Heroin 20.7	Opium 7.5
Punjab	Opium 42.7	Alcohol 18.9	Propoxyphene 6.6
Rajasthan	Opium 39.8	Heroin 30.5	Alcohol 19.5
Tamil Nadu	Alcohol 58.2	Cannabis 1.8	Other sedatives 1.4
Tripura	Alcohol 74.3	Cannabis 15.4	Minor Tranquilliser 8.8
Uttar Pradesh	Alcohol 42.8	Cannabis 18.4	Heroin 14.7
West Bengal	Alcohol 34.0	Heroin 32.1	Cannabis 16.5
Delhi	Heroin 44.7	Alcohol 26.4	Buprenorphine 7.7
Chandigarh	Alcohol 45.4	Opium 11.8	Propoxyphene 8.9
Pondicherry	Alcohol 71.2	Cannabis 6.4	Opium 1.3
Himachal Pradesh	Alcohol 64.6	Cannabis 25.6	Opium 3.7

Figura 1.7 Três principais medicamentos utilizados em vários Estados

DETENÇÕES RELACIONADAS COM DROGAS:

Cerca de 13% dos indivíduos que consomem drogas revelaram ter sido presos pelo menos uma vez na vida, enquanto cerca de 4% indicaram ter sido presos no último mês.

As estatísticas relativas às detenções relacionadas com a droga, que abrangem tanto as ocorrências actuais como as ocorrências ao longo da vida, foram notoriamente elevadas em Mizoram, Nagaland, Manipur, Kerala e Bengala Ocidental.

No entanto, uma parte dos inquiridos, entre 10 e 22%, optou por não responder aos inquéritos.

B. DADOS ESPECÍFICOS DOS MEDICAMENTOS:

Esta secção centra-se nos parâmetros específicos das drogas no instrumento DAMS. Os parâmetros relativos ao álcool, à canábis, à heroína e ao ópio são apresentados a seguir, uma vez que se verificou serem as substâncias mais frequentemente consumidas no estudo.

Esta secção fornece informações sobre: -

i)   Parâmetros demográficos dos tipos de medicamentos e
ii)   Variáveis relacionadas com o consumo de droga. O perfil dos toxicodependentes que consomem uma determinada substância é também anotado e comparado com o perfil nacional composto desenvolvido na Secção A.

VARIÁVEIS DEMOGRÁFICAS:

A análise da tabela revela uma tendência notável: os consumidores de heroína situam-se predominantemente no grupo etário dos 21 aos 30 anos. Em contrapartida, os toxicodependentes de ópio e de álcool tendem a ser mais velhos, pertencendo frequentemente à categoria dos 40 anos ou mais.

Independentemente da substância consumida, a maioria dos utilizadores era do sexo masculino, variando entre 95 e 99%. Para além disso, os consumidores de heroína apresentaram uma maior prevalência de solteiros (37,5%), enquanto os consumidores de ópio e de álcool eram predominantemente casados.

O ópio surgiu como a principal droga de eleição entre os inquiridos com níveis de literacia limitados. Por outro lado, os estudantes representavam o grupo demográfico mais pequeno entre os consumidores de ópio.

Cerca de 23,3% dos indivíduos identificados como toxicodependentes no âmbito do estudo pertenciam a profissões agrícolas e/ou pesqueiras, sendo que a grande maioria (47,7%) consumia ópio. Os toxicodependentes de heroína encontravam-se uniformemente dispersos por várias categorias profissionais. Os trabalhadores dos serviços representavam quase 12% de todos os toxicodependentes, enquanto os operários constituíam 16%.

De um modo geral, os toxicodependentes inquiridos revelaram dificuldades económicas, com cerca de 39% a ganharem menos de 2000 rupias por mês e cerca de metade a ganharem entre 2000 e 5000 rupias por mês.

Mais concretamente, quase metade (47,7%) dos consumidores de cannabis declararam ter um rendimento mensal inferior a Rs.2000. Entre 29% e 55% dos inquiridos tinham um membro da família que consumia drogas, com uma incidência mais elevada entre os que declararam consumir álcool e canábis.

Geograficamente, os toxicodependentes distribuíam-se de forma equilibrada entre as zonas rurais e urbanas, embora os consumidores de ópio fossem predominantemente rurais (75,6%), enquanto a maioria (63,2%) dos consumidores de heroína provinha de locais urbanos.

	Entire DAMS Sample	Alcohol Abusers	Cannabis Abusers	Heroin Abusers	Opium Abusers
Age					
<20 years	4.9	3.0	7.3	8.1	3.1
21-30 years	33.1	25.5	34.5	48.8	28.9
31-40 years	36.9	40.2	34.5	32.3	35.8
40+ years	25.1	31.3	23.7	10.8	32.2
Males	97.2	97.3	95.3	97.6	99.4
Unmarried	22.8	15.7	25.3	37.5	15.7
Illiterate	15.6	14.0	15.9	14.7	31.9
Employment					
Never employed	12.4	11.0	15.8	11.3	5.5
Currently unemployed	7.4	6.6	8.0	15.9	4.1
Student	3.5	1.8	4.6	5.5	1.2
Occupation					
Sales worker	10.4	8.8	13.0	14.4	5.2
Manufacturing	8.1	7.3	8.9	12.0	5.5
Transport operators	8.2	6.9	7.8	10.5	11.3
Farmers/ Fisherman	23.3	21.5	21.2	11.0	47.7
Family history of drug abuse					
Present	48.8	55.0	53.5	35.2	28.9

Figura 1.8 Parâmetros demográficos

VARIÁVEIS DE CONSUMO DE DROGAS:

No quadro apresentado, cerca de metade dos indivíduos que consomem drogas iniciaram o seu consumo entre os 21 e os 30 anos, independentemente da substância específica que consumiram.

Em geral, cerca de 53% dos consumidores de droga consumiam drogas há 5 a 10 anos. Em particular, os indivíduos que abusam do álcool e do ópio parecem ter uma história mais longa de consumo de droga, com 60% a referir um consumo de 5 a 10 anos.

Em contrapartida, os toxicodependentes de heroína tendiam a ter períodos comparativamente mais curtos de consumo de droga antes de procurarem tratamento. Entre os consumidores de heroína, a prevalência de consumo de drogas injectáveis foi a mais elevada, juntamente com uma percentagem notável de partilha de seringas.

Além disso, os consumidores de heroína também referiram uma maior frequência de tentativas de tratamento anteriores. Vale a pena mencionar que uma parte significativa

(63-68%) da amostra sofreu violência familiar relacionada com a droga, com frequências semelhantes observadas nos diferentes tipos de drogas.

Além disso, a história familiar de toxicodependência era mais prevalente entre os indivíduos que consumiam álcool e canábis.

As respostas relativas às relações sexuais e à adoção de práticas sexuais seguras apresentaram semelhanças notáveis entre os vários tipos de drogas.

Como indicado anteriormente, a fiabilidade dos dados relativos ao comportamento sexual pode ser questionada devido à baixa taxa de resposta aos inquéritos sobre práticas sexuais.

	Entire Sample	Alcohol Abusers	Cannabis Abusers	Heroin Abusers	Opium Abusers
Age of first use					
<15 years	9.7	9.4	10.8	8.6	11.8
16-20 years	28.7	28.0	26.5	27.5	19.4
21-30 years	46.3	47.3	47.0	49.9	43.9
Duration of drug use					
1-5 years	36.5	31.4	39.9	51.8	30.0
5-10 years	53.5	57.9	51.5	41.2	58.9
Injecting Drug Use (IDU)*					
Ever	14.3	9.1	8.0	25.4	6.6
Last month	9.4	5.0	4.0	17.2	3.0
Sharing of Needles *					
Ever	7.7	3.3	4.7	16.7	3.3
Last month	4.4	1.4	2.1	11.5	1.3
Drug related arrests					
Ever	13.1	11.9	15.6	20.6	6.4
Last month	3.8	3.1	4.2	5.4	1.5
Previous attempt to abstain					
Yes	27.4	23.0	25.2	39.7	26.1
Sex with multiple sexual partners including CSWs					
Yes	4.4	4.0	7.3	6.5	3.5

Figura 1.9 Variáveis relacionadas com a toxicodependência

C. DIFERENÇAS ENTRE RURAL E URBANO:

A secção seguinte delineia variações e pontos comuns específicos observados entre os consumidores de droga rurais e urbanos no âmbito do estudo. As zonas rurais foram responsáveis por 51,6 por cento do consumo de droga declarado, enquanto as zonas urbanas contribuíram com os restantes 48,4 por cento.

DISTRIBUIÇÃO ETÁRIA:

O quadro mostra que o número de inquiridos mais velhos é ligeiramente superior no grupo rural, sendo a média de idades de 36,6 e 34,0 anos para os inquiridos rurais e urbanos, respetivamente.

Age	Rural (N=10417)	Urban (N=9752)
<15 years	0.3	0.4
16-20 years	3.6	5.6
21-30 years	30.3	36.0
31-40 years	37.5	36.2
>40 years	28.2	21.7

Figura 1.10 Distribuição etária entre os toxicodependentes rurais e urbanos

DROGAS USADAS:

O álcool foi a droga mais consumida tanto nas zonas rurais como nas urbanas. O consumo de cannabis foi mais frequentemente referido pelos inquiridos das zonas rurais, enquanto a heroína foi mais frequentemente consumida nas zonas urbanas.

Indicator	Rural (N=10417)	Urban (N=9752)
Drugs used		
Alcohol	46.2	41.5
Cannabis	13.4	9.6
Heroin	7.9	14.6
Other opiates	16.6	10.7
Others	15.9	23.6

Figura 1.11 Distribuição das drogas consumidas entre os sujeitos rurais e urbanos

IDADE DA PRIMEIRA UTILIZAÇÃO:

A maioria dos participantes referiu ter sido exposta à toxicodependência durante os seus vinte e poucos anos, independentemente do local onde viviam geograficamente.

A idade média em que os indivíduos começaram a consumir substâncias foi de 24,7 anos nas zonas rurais e ligeiramente mais jovem, 23,1 anos, nas zonas urbanas.

Estes resultados sugerem que a transição para o consumo de substâncias ocorre durante um período crítico na idade adulta jovem, salientando a necessidade de intervenções direcionadas e programas de apoio adaptados a indivíduos com vinte e poucos anos, independentemente de residirem em ambientes rurais ou urbanos.

Estes dados sublinham a importância de abordar estratégias de prevenção e tratamento da toxicodependência que possam efetivamente alcançar e envolver os jovens adultos durante esta fase vulnerável do desenvolvimento.

DESPESAS CORRENTES COM MEDICAMENTOS:

O rendimento médio mensal dos toxicodependentes rurais foi registado em 3050 rupias (66 dólares), ligeiramente inferior ao dos toxicodependentes urbanos, que foi de 3789 rupias (81 dólares).

 Curiosamente, a par dos seus rendimentos mais elevados, os consumidores urbanos de droga também referiram uma maior despesa média com drogas, totalizando 1814 rupias (39 dólares) por mês.

Apesar disso, surgiu uma tendência comum em que a maioria dos toxicodependentes, tanto rurais como urbanos, afectava pouco mais de 1000 rupias (21 dólares) por mês para sustentar os seus hábitos de droga.

Este padrão de despesas sublinha os encargos financeiros significativos que a toxicodependência impõe aos indivíduos, independentemente da sua localização geográfica.

Além disso, salienta a necessidade de intervenções específicas destinadas a abordar não só as causas profundas da toxicodependência, mas também os desafios económicos enfrentados pelos indivíduos que lutam contra a dependência, tanto em meios rurais como urbanos.

OUTROS PARÂMETROS:

De acordo com os resultados anteriores, cerca de 27% da amostra total revelou histórias de tratamentos anteriores.

Entre estes participantes, a frequência das tentativas comunicadas manteve-se relativamente consistente nas zonas rurais e urbanas, com uma média de 1,0 tentativas para os utilizadores rurais e 1,2 tentativas para os utilizadores urbanos. Estes números sugerem um nível comparável de comportamento de procura de tratamento, independentemente da localização geográfica.

No que respeita à violência familiar relacionada com a droga, os dados são ilustrados no quadro. As estatísticas revelam uma tendência preocupante, com uma parte significativa dos indivíduos a relatar casos de violência familiar relacionada com a droga.

De forma notável, cerca de 66% dos indivíduos, tanto de meios rurais como urbanos, reconheceram ter sofrido violência familiar relacionada com a droga.

Esta constatação sublinha a natureza generalizada deste problema em diversos contextos socioculturais, salientando a necessidade urgente de uma intervenção eficaz e de mecanismos de apoio nas comunidades.

	Rural (N=10417)	Urban (N=9752)
Never	20.8	24.9
Sometimes	38.2	37.1
Frequently	27.9	29.5

Figura 1.12 Violência familiar relacionada com a droga entre toxicodependentes rurais e urbanos

COMPORTAMENTOS DE ALTO RISCO:

Nas áreas urbanas, cerca de 18% dos indivíduos revelaram uma história de abuso de drogas injectáveis (UDI - alguma vez), contrastando com os 10% relatados nas regiões rurais.

Evidentemente, a UDI parece ser mais prevalente entre as populações urbanas, indicando potenciais diferenças nos padrões de consumo de drogas entre os meios urbano e rural.

Além disso, esta distinção urbano-rural estendeu-se à prevalência da partilha de seringas, com cerca de 10% dos inquiridos urbanos a admitirem tais práticas, em comparação com 5% dos participantes rurais.

A análise dos comportamentos sexuais de alto risco, tal como se mostra no quadro anexo, revelou resultados dignos de nota. Nomeadamente, cerca de metade dos toxicodependentes rurais declararam ter um único parceiro sexual, enquanto aproximadamente dois quintos dos toxicodependentes urbanos declararam o mesmo.

Curiosamente, tanto as amostras rurais como as urbanas apresentavam proporções semelhantes de indivíduos envolvidos em múltiplas parcerias sexuais.

Além disso, a adesão a práticas sexuais seguras, especificamente a utilização de preservativos, demonstrou um padrão consistente nos grupos urbanos e rurais, indicando uma sensibilização partilhada para as medidas preventivas contra as infecções sexualmente transmissíveis.

Estas observações lançam luz sobre a complexa interação entre os padrões de abuso de substâncias e os comportamentos sexuais em diversos contextos geográficos, sublinhando a importância de intervenções adaptadas para abordar factores de risco específicos associados aos contextos urbanos e rurais de abuso de drogas.

É de notar que uma proporção considerável, entre 26 e 38%, dos inquiridos optou por não responder a perguntas sobre o número de parceiros sexuais e a sua adesão a práticas de sexo seguro.

Esta taxa substancial de não resposta lança incertezas sobre a fiabilidade dos dados relativos a estes dois parâmetros.

A falta de respostas levanta questões sobre a exaustividade e a exatidão da informação recolhida, afectando potencialmente a validade geral das conclusões relacionadas com os comportamentos sexuais e as práticas de sexo seguro entre os participantes no estudo.

Por conseguinte, é imperativo reconhecer as limitações decorrentes das taxas de não resposta e ter cautela ao interpretar conclusões baseadas nestas variáveis.

Os esforços para melhorar as metodologias de recolha de dados e incentivar uma participação mais abrangente em estudos futuros podem aumentar a fiabilidade e a solidez das conclusões relativas aos comportamentos sexuais e às práticas de sexo seguro em contextos de investigação semelhantes.

Indicator	Rural (N=10417)	Urban (N=9752)
Number of Sexual Partners		
Single	50.2	42.4
Multiple	14.4	14.4
Multiple & casual sexual partner	5.8	5.3
Multiple & sex with CSW*	3.2	5.7
Safe Sexual Practices		
Never practiced	26.9	24.9
Sometimes practiced	22.3	20.9
Always practiced	18.1	15.5

*CSW: Commercial Sex Workers

CLASSIFICAÇÃO DAS DROGAS DE ABUSO:

• CLASSIFICAÇÃO DAS DROGAS COM BASE NA DEFINIÇÃO LEGAL:

A Lei das Substâncias Controladas, promulgada pelo Governo Federal em 1970, surgiu como resposta à escalada da epidemia de droga que assolava a nação. Esta legislação fundamental introduziu um quadro estruturado que inclui cinco classificações ou listas de drogas distintas, cada uma meticulosamente definida com base em critérios que englobam a utilidade médica, o potencial de abuso e o risco de dependência.

Embora estas classificações dependam principalmente de considerações nacionais, certos acordos internacionais, como a Convenção Única sobre os Estupefacientes, exigem o alinhamento das classificações das drogas com as obrigações diplomáticas.

Estas são as classificações que se seguem:

CALENDÁRIO:

A lista V, a classificação menos restritiva, define as drogas com benefícios médicos reconhecidos, com um potencial mínimo de abuso em comparação com as do quadro IV e com um risco reduzido de dependência.

Exemplos dignos de nota são o Lomotil, o Motofen e o Lyrica.

CALENDÁRIO:

No continuum da regulamentação, a Lista IV ocupa uma posição intermédia entre a Lista V e a Lista III, caracterizando drogas com utilidade médica reconhecida, uma propensão relativamente baixa para o abuso e um potencial de dependência limitado.

Medicamentos como Ambien, Darvocet e Tramadol enquadram-se nesta classificação.

CALENDÁRIO:

Ao longo do espetro, a Lista III inclui substâncias sujeitas a controlos mais rigorosos do que a Lista IV, mas com sanções menos severas do que a Lista II.

Estas drogas, incluindo os esteróides anabolizantes, a cetamina e o Vicodin, têm utilizações médicas aceitáveis, um risco moderado de abuso em relação às drogas das listas I e II e um potencial de dependência moderado ou baixo.

CALENDÁRIO:

Em contrapartida, a lista II é uma das classificações mais estritamente regulamentadas, apenas comparada com a lista I em termos de rigor.

Incluindo substâncias como a Codeína, a Metadona e a Ritalina, as drogas da Lista II têm aplicações médicas reconhecidas, mas também apresentam um elevado risco de abuso e geram graves problemas de dependência.

CALENDÁRIO:

No zénite do rigor regulamentar encontra-se a Lista I, que inclui substâncias consideradas sem qualquer utilidade médica reconhecida e com elevada propensão para o abuso.

Entre a lista de drogas da Lista I encontram-se exemplos notórios como o Ecstasy, os Quaaludes e o GHB, sujeitos aos regulamentos e sanções mais rigorosos ao abrigo da lei federal.

• CLASSIFICAÇÃO DAS DROGAS COM BASE NA COMPOSIÇÃO QUÍMICA:

Essencialmente, a Lei das Substâncias Controladas e o seu sistema de classificação são instrumentos essenciais no esforço contínuo para atenuar o impacto social do abuso e da dependência de drogas, salvaguardando simultaneamente a saúde e o bem-estar públicos.

ÁLCOOL:

O álcool, a substância mais consumida a nível mundial, incluindo nos Estados Unidos, goza de diferentes graus de legalidade em todos os 50 estados. O seu consumo tem impacto em numerosos sistemas corporais e provoca um espetro de efeitos no utilizador.

Embora o álcool induza sentimentos de euforia e reduza as inibições, prejudica significativamente a capacidade de julgamento, a perceção e os tempos de reação.

Como depressor do Sistema Nervoso Central (SNC), o álcool inflige graves danos a longo prazo, particularmente ao fígado. As suas manifestações apresentam-se sob diversas formas, como a cerveja, o vinho e o licor.

OPIÓIDES:

Os opiáceos, também conhecidos como opiáceos, derivam do ópio ou de substâncias químicas sintéticas concebidas para reproduzir os seus efeitos.

Ao influenciar os receptores no cérebro, os opiáceos imitam os neurotransmissores, funcionando como analgésicos potentes e desencadeando sensações de prazer intensas que podem levar à dependência.

Os Estados Unidos debatem-se com uma grave crise de dependência de opiáceos, considerando que os opiáceos são das substâncias mais viciantes e letais que se conhecem. Os opiáceos mais conhecidos incluem a heroína, o fentanil e a oxicodona.

BENZODIAZEPINAS:

As benzodiazepinas, ou Benzos, constituem uma classe de fármacos que interagem com o neurotransmissor ácido gama-aminobutírico-A (GABA-A) de diversas formas, tendo assim um impacto diferente no corpo e na mente.

Frequentemente prescritos para perturbações psiquiátricas e do sono, os benzos são propensos a abusos devido à sua natureza altamente viciante, apresentando riscos médicos e psiquiátricos significativos quando utilizados incorretamente. Exemplos comuns são o Ativan, o Valium e o Xanax.

CANABINÓIDES:

Os canabinóides, quimicamente semelhantes ao tetrahidrocanabinol (THC) presente na marijuana, induzem sensações de euforia ao mesmo tempo que afectam negativamente as faculdades mentais e físicas.

A seguir ao álcool, os canabinóides são substâncias de abuso generalizado, que estão a ser cada vez mais reconhecidas legalmente, apesar de poderem prejudicar a saúde física e mental. Os canabinóides mais conhecidos são a marijuana e o haxixe.

BARBITURADOS:

Os barbitúricos, que actuam no sistema nervoso central abrandando as suas funções, têm a sua origem no ácido barbitúrico químico.

Historicamente preferidos para o tratamento de perturbações psiquiátricas e do sono, os barbitúricos continuam a ser úteis na anestesia e no tratamento de doenças como a epilepsia e as dores de cabeça.

No entanto, a sua natureza altamente viciante, associada a um risco substancial de sobredosagem, sublinha a sua natureza perigosa. Os exemplos incluem o Amytal, o Luminal e o Fenobarbital.

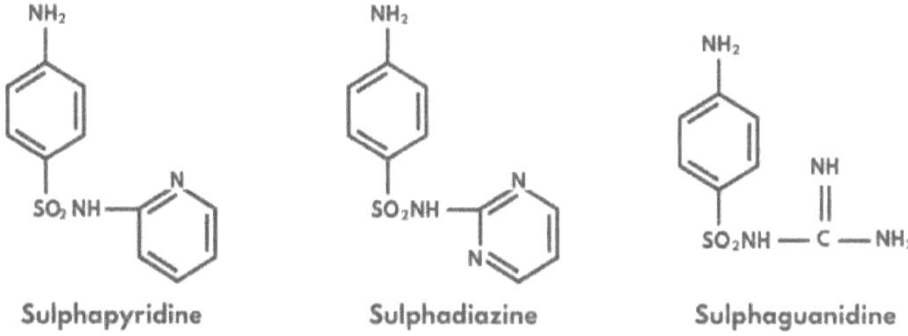

Figura 1.14 Exemplo que mostra diferentes composições químicas

• CLASSIFICAÇÃO DE MEDICAMENTOS COM BASE EM ALVOS MOLECULARES:

ALVOS COMUNS DOS MEDICAMENTOS:

O advento da genómica, da proteómica e da metabolómica revolucionou o panorama da descoberta de fármacos, ao revelar os processos biológicos e uma multiplicidade de potenciais alvos de fármacos. Dentro da intrincada tapeçaria do genoma, uma gama diversificada de alvos chama a atenção, desde genes virulentos a marcadores genéticos específicos de espécies.

Estes alvos representam pontos focais naturais para a intervenção terapêutica, oferecendo vias promissoras para combater várias doenças e perturbações. Para além dos alvos genómicos, o âmbito estende-se às moléculas de ARN, intervenientes fundamentais na regulação e expressão dos genes.

Ao modularem seletivamente a função do ARN, os investigadores podem exercer um controlo preciso sobre os processos celulares, abrindo novas perspectivas para a inovação terapêutica.

As enzimas que desempenham papéis fundamentais no metabolismo intermédio constituem outro terreno fértil para a descoberta de medicamentos. A manipulação destas vias enzimáticas tem o potencial de reequilibrar os fluxos metabólicos, corrigir estados metabólicos aberrantes e restaurar a homeostase celular.

Além disso, os sistemas que regem a replicação do ADN, o aparelho de tradução e os mecanismos de reparação do ADN emergem como alvos estratégicos para a intervenção farmacológica.

Ao modular a intrincada maquinaria responsável pela replicação e reparação do ADN, os investigadores pretendem impedir a proliferação de mutações associadas a doenças e promover a estabilidade genómica.

As proteínas de membrana, que englobam um conjunto diversificado de receptores, canais iónicos e transportadores, representam mais uma classe de alvos com profundas implicações terapêuticas.

Ao modular seletivamente a função das proteínas de membrana, os investigadores pretendem regular as cascatas de sinalização celular, a neurotransmissão e a homeostase iónica, oferecendo assim novas estratégias para o tratamento de uma miríade de doenças, incluindo perturbações neurológicas e cancro.

Essencialmente, a elucidação de alvos comuns de medicamentos em domínios genómicos, de ARN, enzimáticos e de proteínas membranares sublinha o impacto transformador das abordagens interdisciplinares na descoberta de medicamentos.

Ao aproveitar o poder da genómica e das disciplinas relacionadas, os investigadores estão preparados para desvendar a intrincada teia de processos biológicos e desbloquear novas modalidades terapêuticas para responder a necessidades médicas não satisfeitas.

GENES ESPECÍFICOS DE ESPÉCIES COMO ALVOS DE MEDICAMENTOS:

A análise comparativa das sequências completas do genoma de agentes patogénicos bacterianos disponíveis nas bases de dados públicas oferece os primeiros conhecimentos sobre as abordagens de descoberta de medicamentos num futuro próximo.

Bork e colaboradores propuseram uma abordagem interessante para a previsão de potenciais alvos de medicamentos, designada por exposição diferencial do genoma.

Esta abordagem baseia-se no facto de o genoma dos microrganismos parasitas ser geralmente muito mais pequeno e codificar menos proteínas do que os genomas dos organismos de vida livre.

Os genes que estão presentes no genoma de uma bactéria parasita, mas ausentes num genoma de uma bactéria de vida livre estreitamente relacionada, são, portanto, provavelmente importantes para a patogenicidade e podem ser considerados como potenciais alvos de medicamentos.

Uma comparação exaustiva dos produtos genéticos de H.*influenzae* e *E.coli* identificou 40 genes de H.*influenzae* que foram encontrados exclusivamente em agentes patogénicos e que, por isso, constituem potenciais alvos de medicamentos.

ÁCIDO NUCLEICO COMO ALVO DE MEDICAMENTOS:

Os ácidos nucleicos são o repositório da informação genética. Foi demonstrado que o próprio ADN é o recetor de muitos medicamentos utilizados no tratamento do cancro e de outras doenças.

Estes actuam através de uma variedade de mecanismos, incluindo a modificação química e a ligação cruzada do ADN (cisplatina) ou a clivagem do ADN (bleomicina).

Foram relatados muitos trabalhos, quer por intercalação de um sistema de anéis poliaromáticos na hélice de cadeia dupla (actinomicina D, etídio), quer por ligação às ranhuras principais e secundárias do ADN (por exemplo, netropsina).

Foi demonstrado que o ADN é o alvo da quimioterapia com esforços para conceber reagentes específicos da sequência para a terapia genética.

RNA COMO ALVOS DE MEDICAMENTOS:

Os recentes avanços na determinação da estrutura e função do ARN conduziram a novas oportunidades que terão um impacto significativo na indústria farmacêutica.

Pensava-se que o ARN, que, entre outras funções, serve de mensageiro entre o ADN e as proteínas, era uma molécula totalmente flexível sem complexidade estrutural significativa. No entanto, estudos recentes revelaram uma complexidade surpreendente na estrutura do ARN.

Esta observação abre oportunidades para a indústria farmacêutica ter como alvo o ARN com pequenas moléculas. Talvez mais importante ainda, os medicamentos que se ligam ao ARN podem produzir efeitos que não podem ser alcançados por medicamentos que se ligam às proteínas.

A prova do princípio já foi fornecida pelo sucesso de várias classes de medicamentos obtidos a partir de fontes naturais que se ligam ao ARN ou a complexos ARN-proteína.

MEMBRANAS COMO ALVOS DE MEDICAMENTOS:

As membranas são elementos estruturais importantes, tanto para definir os limites de uma célula como para fornecer compartimentos interiores dentro da célula associados a funções.

As próprias membranas celulares podem também atuar como alvos de reconhecimento molecular. A compreensão das funções estruturais e dinâmicas das membranas (por exemplo, membranas plasmáticas e membranas intercelulares) pode contribuir para uma conceção mais racional de moléculas de fármacos com melhores caraterísticas de permeação ou efeitos específicos nas membranas.

Acredita-se que muitos anestésicos gerais actuam pelos seus efeitos físicos quando dissolvidos nas membranas. Várias classes de antibióticos como a gramicidina A, antifúngicos como a alamethicina e toxinas como a melitina encontrada nos venenos das abelhas têm efeitos diretos nas bicamadas lipídicas planas, causando poros transmembranares.

PROTEÍNAS COMO ALVOS DE MEDICAMENTOS:

As proteínas continuam a ser um ponto de interesse intenso para os sectores farmacêutico e biotecnológico, representando um rico reservatório de potenciais alvos de medicamentos. Actuando como elo vital entre os genes e a doença, as proteínas estão na base de processos biológicos fundamentais, essenciais para a compreensão da patologia das doenças, facilitando o diagnóstico e fazendo avançar as modalidades de tratamento.

A exploração das proteínas deu origem a uma infinidade de potenciais alvos terapêuticos, com mais de 700 produtos em desenvolvimento em várias fases. No entanto, a tradução da investigação sobre proteínas em alvos terapêuticos validados apresenta desafios formidáveis.

As sequências genómicas fornecem o modelo para a síntese proteica, sendo as proteínas os agentes dinâmicos das células. Constituem a maquinaria celular, medeiam a comunicação intercelular e regulam funções biológicas essenciais, como o crescimento e a apoptose.

Dado o seu papel fundamental, a maioria dos alvos dos medicamentos reside no domínio das proteínas, exercendo os medicamentos os seus efeitos através da ligação selectiva a alvos proteicos específicos.

A compreensão abrangente da intrincada paisagem de 200 000-300 000 proteínas distintas e interactivas apresenta obstáculos substanciais.

Muitas proteínas-alvo cruciais para o desenvolvimento de medicamentos orquestram processos reguladores fundamentais no corpo humano ou em organismos infecciosos, existindo frequentemente em quantidades limitadas e em contextos celulares específicos.

Os métodos bioquímicos tradicionais para isolar e purificar estas proteínas têm-se deparado com desafios para satisfazer as exigências dos ensaios de rotina.

No entanto, os avanços nas tecnologias de clonagem e expressão de proteínas revolucionaram o campo, permitindo a produção de proteínas alvo em quantidades suficientes para ensaios biológicos, estudos de RMN e cristalografia de raios X.

O crescimento exponencial na elucidação das estruturas proteicas, com mais de 40 000 estruturas tridimensionais depositadas no Protein Data Bank em dezembro de 2006, sublinha o impacto transformador da biologia estrutural na descoberta de medicamentos. Este manancial de informação estrutural facilita a conceção racional de terapêuticas, fornecendo informações sobre a função das proteínas e as interações moleculares.

Nomeadamente, as pequenas moléculas, como os medicamentos, os insecticidas e os herbicidas, exercem predominantemente os seus efeitos através da ligação a alvos proteicos. Historicamente, muitas destas moléculas foram descobertas empiricamente, com uma compreensão limitada dos seus mecanismos de ação subjacentes.

No entanto, os esforços contemporâneos de descoberta de medicamentos aproveitam cada vez mais os conhecimentos sobre a estrutura e a função das proteínas para identificar e modular alvos específicos, com enzimas e receptores, em especial os receptores acoplados à proteína G, a emergirem como alvos primários para a intervenção medicamentosa.

Enzimas - As macromoléculas responsáveis pela catálise das reacções bioquímicas são um alvo óbvio quando um estado de doença está associado à produção de uma espécie biologicamente ativa. As enzimas são um alvo clássico para a intervenção terapêutica e existem numerosos exemplos bem estudados.

Os alvos enzimáticos da química medicinal tradicional incluem as cinases, as fosfodiesterases, as proteases e as fosfatases. Alguns dos exemplos de medicamentos dirigidos contra enzimas são enumerados a seguir.

Some enzymes as drug targets

Enzyme	Drug
Dihydrofolate reductase	Methotrexate
HIV-1 protease	Saquinavir, Indinavir
ACE	Captopril
Neuraminidase	Oseltamivir
Cyclin dependent Kinase(CDKs)	Flavopiridol
Cyclooxygenase	Diclofenac, Indomethacin
Thymidylate synthase	Tomudex
Guanine phosphoribosyltranseferase (GPRT)	Allopurinol
Inosine5'-monophosphate dehydrogense	Tiazopurin

Figura 1.15 Enzimas como alvos de medicamentos

Proteínas receptoras - Os receptores acoplados à proteína G são uma super família de sete proteínas transmembranares que são activadas por uma vasta gama de ligandos extracelulares e são expressas em praticamente todos os tecidos.

A sinalização através destes receptores regula uma grande variedade de processos fisiológicos, como a neurotransmissão, a quimiotaxia, a inflamação, a proliferação celular, a contração do músculo cardíaco e do músculo liso, bem como a perceção visual e quimiossensorial.

Tendo em conta a sua distribuição generalizada e a sua importância na saúde e na doença, não é surpreendente que os GPCR sejam a classe de proteínas-alvo mais bem sucedida na investigação para a descoberta de medicamentos.

A sequenciação do genoma humano levou à previsão de cerca de 1000 GPCR, dos quais 400 são receptores não-quimiossensoriais e podem, portanto, ser considerados potenciais alvos de medicamentos. Estima-se que até 50% de todos os medicamentos comercializados visam diretamente esta família de receptores, alguns dos quais são enumerados a seguir.

O alvo deve ser essencial, na medida em que faz parte de um ciclo crucial na célula, e a sua eliminação deve conduzir à morte do agente patogénico. O alvo deve ser único: nenhuma outra via deve ser capaz de complementar a função do alvo e ultrapassar a presença do inibidor.

Se a macromolécula satisfizer todos os critérios delineados para ser um alvo medicamentoso, mas funcionar em células humanas saudáveis, bem como num agente patogénico, a especificidade pode muitas vezes ser concebida no inibidor através da exploração de diferenças estruturais ou bioquímicas entre as formas patogénica e humana. Por último, a molécula alvo deve ser suscetível de ser inibida pela ligação de uma pequena molécula. As enzimas são frequentemente excelentes alvos de medicamentos porque os compostos são concebidos para se adaptarem à bolsa do sítio ativo.

Some currently marketed drugs that target GPCRs

GPCR	Indication(s)	Drug(s)
Histamine	Allergies, ulcers	Cimetidine,Ranitidine,Terfenadine
β-adrenergic	Hypertension, asthma	Atenolol, Albuterol, Salmeterol
α-adrenergic	Benign prostatichypertrophy	Terazosin , doxazosin
Dopamine	Psychosis, Parkinson's	Aripiprazole, Ropinerole
Serotonin	Migraine, anxiety	Zolmitriptan, clozapine, buspirone
Opoid	Pain	Butarphanol
Angiotensin	Hypertension	Losartan, Eprosartan
Muscarinic acetylcoline	Alzheimer' s disease	Bethanechol, dicyclomine
Leukotriene	Asthma	Pranlukast

Figura 1.16 Medicamentos que visam os receptores acoplados à proteína G

• CLASSIFICAÇÃO DOS MEDICAMENTOS COM BASE NOS EFEITOS FARMACOLÓGICOS:

ESTIMULANTES:

Os estimulantes são uma classe de medicamentos que exercem os seus efeitos aumentando a atividade do sistema nervoso central (SNC), o que resulta num aumento do estado de alerta, da vigília e da função cognitiva.

Estes efeitos são obtidos através do aumento da libertação, do bloqueio da recaptação ou da imitação da ação de neurotransmissores como a dopamina, a norepinefrina e a serotonina no cérebro.

Os estimulantes são amplamente utilizados para vários fins médicos, incluindo o tratamento da perturbação de défice de atenção e hiperatividade (PHDA), da narcolepsia e da obesidade.

No entanto, também são vulgarmente utilizadas de forma abusiva pelos seus efeitos eufóricos e energizantes, o que pode levar à dependência e a consequências graves para a saúde.

Os estimulantes têm como alvo principal os sistemas neurotransmissores do cérebro, nomeadamente a dopamina e a norepinefrina.

Aumentam a libertação destes neurotransmissores na fenda sináptica, onde se ligam a receptores nos neurónios vizinhos e aumentam a atividade neuronal. Ao amplificarem a atividade destes sistemas de neurotransmissores, os estimulantes promovem a excitação, a atenção e a função cognitiva.

Os estimulantes são prescritos para várias condições médicas, incluindo:

PHDA: Os estimulantes são o tratamento de primeira linha para a PHDA devido à sua capacidade de melhorar a atenção, o controlo dos impulsos e a hiperatividade.

Narcolepsia: Os estimulantes ajudam os indivíduos com narcolepsia a manterem-se acordados e alerta durante todo o dia.

Obesidade: Os estimulantes podem ser utilizados a curto prazo para suprimir o apetite e promover a perda de peso em indivíduos com obesidade.

TIPOS DE ESTIMULANTES:

Anfetaminas: Drogas como a anfetamina e a metanfetamina são compostos sintéticos que estimulam a libertação de dopamina e norepinefrina, inibindo a sua recaptação. São frequentemente utilizadas em medicina para tratar a PHDA e a narcolepsia, mas também são utilizadas de forma abusiva para fins recreativos devido aos seus efeitos eufóricos.

Cocaína: A cocaína é um poderoso estimulante derivado da planta da coca. Bloqueia a recaptação da dopamina, da norepinefrina e da serotonina, levando a um aumento dos níveis destes neurotransmissores no cérebro. A cocaína é altamente viciante e está associada a uma série de riscos para a saúde, incluindo complicações cardiovasculares e dependência.

Metilfenidato: O metilfenidato, vendido sob nomes de marcas como Ritalin e Concerta, é normalmente prescrito para tratar a PHDA. Actua de forma semelhante às anfetaminas, aumentando os níveis de dopamina e norepinefrina no cérebro.

EFEITOS E EFEITOS SECUNDÁRIOS:

Os efeitos dos estimulantes incluem o aumento da energia, a melhoria da atenção e da concentração, a elevação do humor e a diminuição do apetite.

Os estimulantes têm um elevado potencial de utilização indevida e de dependência devido aos seus efeitos de reforço nas vias de recompensa do cérebro. A utilização abusiva crónica de estimulantes pode levar à tolerância, dependência e sintomas de abstinência após a descontinuação.

O consumo recreativo de estimulantes pode também resultar em graves riscos para a saúde e consequências legais. No entanto, também podem causar efeitos secundários como insónia, nervosismo, irritabilidade, aumento do ritmo cardíaco, hipertensão arterial e potenciais complicações cardiovasculares em caso de utilização prolongada.

DEPRESSORES:

Os depressores, também conhecidos como depressores do sistema nervoso central (SNC), são uma classe de medicamentos que abrandam a atividade do cérebro e do sistema nervoso central, resultando em relaxamento, sedação e redução da ansiedade.

Os seus efeitos são obtidos através do aumento da atividade do neurotransmissor ácido gama-aminobutírico (GABA), que inibe a atividade neuronal no cérebro.

Os depressores são normalmente utilizados para fins médicos para tratar doenças como a ansiedade, insónia, espasmos musculares e convulsões. No entanto, também acarretam riscos significativos de uso indevido, dependência e sobredosagem quando utilizados incorretamente.

Os depressores actuam aumentando os efeitos inibitórios do GABA, o principal neurotransmissor inibitório do cérebro.

O GABA liga-se a receptores específicos nos neurónios, abrindo canais de cloreto e hiperpolarizando a membrana celular, o que reduz a capacidade do neurónio para gerar potenciais de ação e transmitir sinais.

Isto leva a uma diminuição da atividade neuronal e produz os efeitos calmantes e sedativos associados aos depressores.

Os depressivos têm várias utilizações médicas, incluindo:

Perturbações de ansiedade e de pânico: As benzodiazepinas são frequentemente prescritas para aliviar os sintomas de ansiedade e ataques de pânico.

Insónia: Os depressivos podem ajudar a induzir o sono e a melhorar a qualidade do sono em indivíduos com insónia.

Espasmos musculares: Alguns depressores, como as benzodiazepinas e os relaxantes musculares, são utilizados para aliviar os espasmos e a rigidez muscular.

Convulsões: Os depressores como as benzodiazepinas e os barbitúricos são por vezes utilizados como medicamentos anticonvulsivos para prevenir ou tratar convulsões.

TIPOS DE DEPRESSORES:

Benzodiazepinas: As benzodiazepinas, ou "benzos", são uma classe de medicamentos de prescrição habitualmente utilizados para tratar perturbações de ansiedade, ataques de pânico, espasmos musculares e insónias. Exemplos incluem diazepam (Valium), alprazolam (Xanax) e lorazepam (Ativan).

Barbitúricos: Os barbitúricos são outra classe de depressores do SNC que foram historicamente utilizados para tratar a ansiedade, a insónia e as convulsões. No entanto, são menos frequentemente prescritos atualmente devido ao seu elevado potencial de dependência e sobredosagem. Exemplos incluem o fenobarbital e o secobarbital.

Álcool: O álcool é um depressor legal que é amplamente consumido pelos seus efeitos relaxantes e eufóricos. Embora o consumo moderado de álcool possa ter alguns benefícios para a saúde, o consumo excessivo ou crónico de álcool pode levar à dependência, a danos no fígado e a outros problemas de saúde graves.

EFEITOS E EFEITOS SECUNDÁRIOS:

Os depressores podem causar uma série de efeitos secundários, incluindo sonolência, tonturas, perturbações da coordenação, confusão, problemas de memória e depressão respiratória (respiração lenta). O uso prolongado ou indevido de depressores pode levar à tolerância, dependência, vício, sintomas de abstinência após a descontinuação e overdose, que pode ser fatal.

O uso crónico de depressores pode levar à dependência física e psicológica, caracterizada por desejos de tomar a droga e sintomas de abstinência quando a droga é interrompida.

Os sintomas de abstinência podem incluir ansiedade, insónia, tremores, suores, náuseas, convulsões e, em casos graves, delirium tremens (DT), uma condição potencialmente fatal caracterizada por confusão, alucinações e instabilidade cardiovascular.

HALLUCINOGENS:

Os alucinogénios são uma classe de drogas psicoactivas que alteram a perceção, o humor e os processos cognitivos, conduzindo a mudanças profundas na perceção sensorial, nos padrões de pensamento e na consciência.

Estas drogas induzem alucinações, distorções da realidade e experiências sensoriais intensas que podem envolver ver, ouvir e sentir coisas que não estão realmente presentes. Os alucinogénios podem ser obtidos a partir de fontes naturais ou sintetizados em laboratório e são frequentemente utilizados para fins recreativos devido aos seus efeitos de alteração da mente. No entanto, também acarretam riscos significativos de reacções adversas e sofrimento psicológico.

Os alucinogénios exercem os seus efeitos principalmente através da interação com os receptores de serotonina no cérebro, em especial o subtipo de recetor 5-HT2A. Ao activarem estes receptores, os alucinogénios modulam as vias de sinalização dos neurotransmissores envolvidos na regulação do humor, na perceção e na cognição, conduzindo a estados alterados de consciência e a experiências sensoriais.

Apesar dos seus riscos, os alucinogénios têm atraído um interesse renovado na investigação psiquiátrica devido aos seus potenciais benefícios terapêuticos no tratamento de doenças como a depressão, a ansiedade, a perturbação de stress pós-traumático (PTSD) e as perturbações relacionadas com o consumo de substâncias.

Estão a decorrer ensaios clínicos e estudos para explorar os efeitos terapêuticos de substâncias como a psilocibina e a MDMA em condições controladas.

TIPOS DE ALUCINOGÉNIOS:

Alucinogénios clássicos: Esta categoria inclui substâncias como o LSD (dietilamida do ácido lisérgico), a psilocibina (encontrada nos cogumelos "mágicos") e a mescalina (encontrada no cato peiote).

Alucinogénios dissociativos: Estas drogas produzem estados dissociativos caracterizados por uma sensação de distanciamento de si próprio e do ambiente. Exemplos incluem a cetamina, a fenciclidina (PCP) e o dextrometorfano (DXM).

Outros alucinogénios: Substâncias como o MDMA (ecstasy) e a sálvia divinorum, embora não sejam estritamente classificadas como alucinogénios clássicos, podem induzir efeitos alucinogénios.

EFEITOS E EFEITOS SECUNDÁRIOS:

Os alucinogénios podem produzir uma vasta gama de efeitos subjectivos, incluindo alucinações visuais e auditivas, distorções da perceção, sinestesia (mistura de sentidos), alteração da noção de tempo e espaço e experiências espirituais ou místicas profundas.

Os utilizadores podem também experimentar mudanças de humor, emoções e dissolução do ego, levando a sentimentos de interconexão com os outros e com o universo.

A intensidade e a duração das experiências alucinogénias podem variar muito, dependendo de factores como a droga específica, a dosagem, o contexto (mentalidade e expectativas do indivíduo) e o ambiente (ambiente físico e social).

Embora os alucinogénios não sejam considerados fisicamente viciantes, podem ser psicologicamente viciantes e o uso crónico pode levar à tolerância e à diminuição dos efeitos ao longo do tempo.

A utilização de alucinogénios pode também provocar reacções adversas, como ansiedade, paranoia, ataques de pânico, desorientação e psicose, sobretudo em indivíduos susceptíveis ou em doses elevadas.

Em casos raros, o consumo de alucinogéneos pode desencadear perturbações perceptivas persistentes, conhecidas como perturbação persistente da perceção de alucinogéneos (HPPD), em que os indivíduos continuam a experimentar fenómenos alucinatórios muito depois de a droga ter saído do seu sistema.

ANALGÉSICOS:

Os medicamentos analgésicos aliviam a dor actuando no sistema nervoso ou nos tecidos periféricos. Podem ser opióides (por exemplo, morfina), anti-inflamatórios não esteróides (AINEs) (por exemplo, ibuprofeno) ou acetaminofeno.

ANTIBIÓTICO:

Os medicamentos antibióticos são utilizados para tratar infecções bacterianas, matando ou inibindo o crescimento das bactérias. Incluem penicilinas, cefalosporinas e fluoroquinolonas.

ANTIVIRAL:

Os medicamentos antivirais têm como alvo a replicação viral e são utilizados para tratar infecções virais como o VIH e o herpes. Os exemplos incluem análogos de nucleósidos (por exemplo, aciclovir) e inibidores da protease (por exemplo, ritonavir).

ANTIFÚNGICO:

Os medicamentos antifúngicos tratam as infecções fúngicas inibindo o crescimento dos fungos ou destruindo as células fúngicas. Incluem os azóis (por exemplo, o fluconazol) e as equinocandinas (por exemplo, a caspofungina).

ANTIPARASITICO:

Os medicamentos antiparasitários têm como alvo os parasitas, como os protozoários e os helmintas. Incluem os anti-helmínticos (por exemplo, mebendazol) e os antiprotozoários (por exemplo, metronidazol).

ANTINEOPLÁSICO:

Os medicamentos antineoplásicos, ou quimioterapia, tratam o cancro inibindo o crescimento e a disseminação das células malignas. Incluem agentes alquilantes e medicamentos de terapia direcionada.

ANTICOAGULANTES:

Estes medicamentos previnem a formação de coágulos sanguíneos ou inibem a agregação plaquetária, reduzindo o risco de eventos trombóticos. Exemplos incluem a varfarina e a aspirina.

BRONCODILATADOR:

Os medicamentos broncodilatadores relaxam os músculos lisos das vias respiratórias, melhorando o fluxo de ar em doenças como a asma. Os exemplos incluem os beta-agonistas e os anticolinérgicos.

INALANTES:

Os inalantes são substâncias voláteis que se encontram em produtos domésticos, como sprays de aerossol, líquidos de limpeza e diluentes de tinta. São inaladas para produzir efeitos intoxicantes e podem causar danos graves no cérebro e noutros órgãos.

VIAS DE ADMINISTRAÇÃO DO MEDICAMENTO:

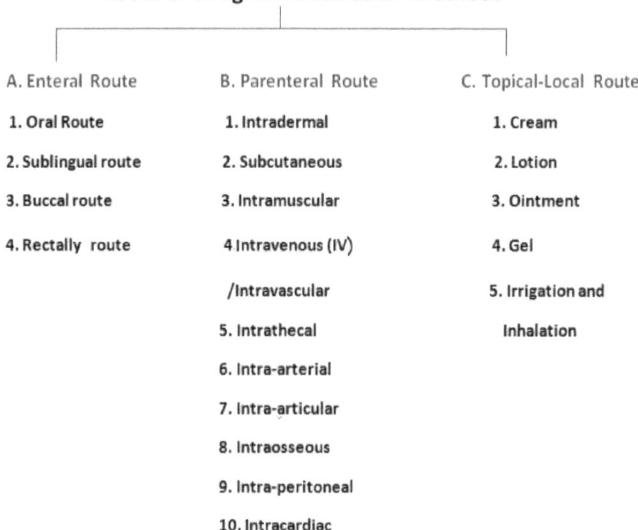

Figura 1.17 Várias vias de administração de medicamentos

Percurso local:

É uma das vias mais simples de administração de medicamentos, em que o fármaco pode ser administrado no local de ação desejado. A absorção sistémica dos fármacos é mínima, pelo que os efeitos secundários sistémicos podem ser evitados. Seguem-se algumas das vias locais:

Tópicos:

Os medicamentos aplicados na pele/membrana mucosa para acções locais. Alguns exemplos são os seguintes:

- Cavidade oral - Os fármacos podem ser administrados apenas na mucosa oral sob a forma de pastilhas ou enxaguamentos, por exemplo, clotrimazol troche para doenças orais.

- O fármaco não absorvível pode ser utilizado para ter um efeito apenas local, por exemplo, a neomicina para esterilização intestinal antes da cirurgia.

- Reto e canal anal - Os medicamentos sob a forma líquida ou sólida são utilizados por esta via para várias acções.

Clister evacuante: Por esta via, são utilizados fármacos para evacuar o intestino, por exemplo, clister de água com sabão. O sabão actua como lubrificante e a água estimula o reto.

Enema de retenção, por exemplo, metilprednisolona na colite ulcerosa.

Supositório: forma de dosagem sólida do medicamento é inserida no reto, por exemplo, bisacodilo para evacuação intestinal.

- Olho, ouvido e nariz - Os medicamentos podem ser administrados na mucosa nasal, nos olhos ou no canal auditivo sob a forma de gotas, pomadas e sprays. Esta via pode ser utilizada para doenças alérgicas/infecciosas destes órgãos.

- Brônquios (inalação) - Esta via de administração do medicamento é utilizada para doenças como a asma brônquica e a doença pulmonar obstrutiva crónica (DPOC), em que o medicamento é absorvido pela mucosa brônquica através da inalação, por exemplo, o salbutamol.

- Vagina - Os medicamentos podem ser aplicados/inseridos sob a forma de comprimido, creme ou pessário na vagina. Esta via é utilizada principalmente para a candidíase vaginal.

- Uretra - Podem ser aplicados medicamentos sob a forma de soluções/gelatinas na uretra, por exemplo, lignocaína.

Via sistémica:

Através desta via, o medicamento chega ao sangue, é distribuído pelo corpo e produz efeitos sistémicos. Em termos gerais, esta via pode ser dividida em entérica, parentérica e especializada.

Via Enteral:

Esta via inclui a oral e a rectal.

Oral:

Esta é a via de administração de medicamentos mais comum e aceite. Após a administração oral, o medicamento atinge a circulação sistémica e é amplamente distribuído por todos os tecidos.

A via oral tem a vantagem de ser segura, indolor e conveniente para uma utilização repetida e a longo prazo. Além disso, por esta via, o medicamento pode ser auto-administrado e não necessita de assistência profissional.

No entanto, a via oral tem algumas limitações, como um início de ação lento, pelo que não pode ser administrada em situações de emergência, medicamentos não palatáveis/irritantes (por exemplo, cloranfenicol), medicamentos não absorvíveis (por exemplo, neomicina), medicamentos com um metabolismo de primeira passagem elevado (por exemplo, lignocaína), medicamentos destruídos pelos sucos digestivos (por exemplo, insulina).

Outros inconvenientes são o facto de não poderem ser administrados a doentes inconscientes, não cooperantes ou não fiáveis e a doentes com vómitos e diarreia. Existem muitas formas de dosagem disponíveis para administração oral; por exemplo, formas sólidas como comprimidos, cápsulas e preparações líquidas como xaropes, elixires e suspensões.

Os comprimidos são fabricados através da compressão do medicamento em pó juntamente com agentes aglutinantes e excipientes, ao passo que as cápsulas contêm um invólucro de gelatina, que é uma substância natural insípida.

Existem dois tipos de cápsulas: cápsula de gelatina dura (contém o medicamento sob a forma sólida) e cápsula de gelatina mole (medicamento sob a forma líquida oleosa). No caso dos doentes pediátricos, a deglutição de comprimidos/cápsulas é frequentemente problemática; nestes casos, podem ser utilizadas preparações líquidas orais.

Algumas das limitações acima mencionadas desta via podem ser ultrapassadas através do revestimento entérico dos comprimidos e/ou da formulação de libertação sustentada/controlada. O revestimento entérico dos comprimidos é feito com celulose e acetato.

Isto tem vantagens como evitar a irritação gástrica, proteger o medicamento do ácido gástrico e retardar a absorção do medicamento, aumentando assim a sua duração de ação.

Por outro lado, as formulações de libertação sustentada/controlada têm diferentes revestimentos que se dissolvem em diferentes intervalos de tempo.

As vantagens desta formulação são o aumento da duração da ação, diminuindo assim a frequência de dosagem e aumentando a adesão do doente, por exemplo, a nifedipina de libertação prolongada.

Sublingual:

O fármaco solúvel em lípidos é mantido debaixo da língua ou esmagado e aplicado na mucosa bucal. O fármaco é absorvido pelas veias que circundam a mucosa oral; posteriormente, entra na veia cava superior e no coração e, por fim, atinge a circulação sistémica, por exemplo, a buprenorfina e a nitroglicerina (utilizada para terminar um ataque de angina).

A vantagem desta via é que os fármacos com um metabolismo hepático de primeira passagem elevado estão prontamente disponíveis na circulação sistémica quando administrados por esta via.

Outras vantagens incluem um rápido início de ação, a droga pode ser auto-administrada e a ação pode ser terminada ao cuspir o comprimido.

As limitações desta via prendem-se com o facto de ser irritante, insolúvel em lípidos e não palatável; por conseguinte, não pode ser administrada. Além disso, não pode ser utilizada em crianças.

Rectal:

Esta via pode ser utilizada para efeitos sistémicos, para além dos efeitos locais. Os fármacos são absorvidos pelas veias hemorroidárias e, em certa medida, contornam o metabolismo hepático.

Esta via apresenta algumas vantagens, como a possibilidade de administrar medicamentos irritantes/desagradáveis por esta via. Pode ser utilizada como supositório, bem como em doentes que não cooperam ou que têm vómitos recorrentes.

No entanto, tem limitações como ser embaraçoso para os doentes, ter uma absorção errática dos medicamentos e provocar inflamação rectal no caso de medicamentos irritantes, por exemplo, o diazepam para convulsões febris em crianças.

Via parentérica:

Trata-se de uma via de administração de medicamentos que não a via entérica. Inclui medicamentos administrados por injeção, inalação e via transdérmica. Apresenta vantagens como o início rápido, pelo que pode ser utilizada em situações de emergência;

além disso, pode ser utilizada em doentes que não cooperam e em doentes com vómitos/diarreia.

Esta via é adequada para medicamentos irritantes, medicamentos com elevado metabolismo de primeira passagem, medicamentos não absorvíveis por via oral e medicamentos destruídos pelos sucos digestivos.

As desvantagens desta via são o facto de ser dispendiosa e não ser fácil de autoadministrar.

Inalação:

Os líquidos voláteis e os gases são administrados por esta via, por exemplo, os anestésicos gerais. O fármaco inalado é absorvido através da vasta superfície dos alvéolos, pelo que a sua ação é rápida.

Além disso, quando a administração do fármaco é interrompida, o fármaco remanescente nos alvéolos é expelido rapidamente. Assim, o fim da ação do fármaco, bem como a sua regulação momento a momento, podem ser conseguidos através desta via.

No entanto, os medicamentos irritantes podem provocar um aumento das secreções respiratórias e broncospasmo.

Via transdérmica (pensos adesivos):

Os pensos introduzem o fármaco na circulação para efeitos sistémicos. Os pensos têm várias camadas, como a película de suporte, o reservatório do fármaco, a membrana de microporos de controlo da taxa e a camada adesiva com a dose inicial, por exemplo, escopolamina para o enjoo, nitroglicerina para a angina, estrogénio para a terapia de substituição hormonal (TRH) e fentanil para a analgesia.

Algumas das vantagens desta via incluem a autoadministração, a boa adesão do doente, a ação prolongada, os efeitos secundários mínimos e as concentrações plasmáticas constantes do fármaco. No entanto, esta via tem inconvenientes como o facto de ser dispendiosa, a irritação local (comichão, dermatite) e o facto de o penso poder cair sem ser notado.

Injeção:

Intradérmica:

O medicamento é injetado na camada dérmica da pele, por exemplo, vacinação com bacilo Calmette-Guerin (BCG) e testes de sensibilidade a medicamentos.

Subcutânea (SC):

O fármaco é injetado no tecido SC que tem fornecimento nervoso mas menos fornecimento vascular, por exemplo, insulina e adrenalina. Também é possível a autoadministração; podem ser utilizadas preparações de depósito para uma ação prolongada, por exemplo, a norplant para contraceção.

Esta via não é adequada para medicamentos irritantes e tem um início de ação lento, pelo que não pode ser utilizada em situações de emergência.

Intramuscular (IM):

O medicamento é injetado nos grandes músculos, deltoide, glúteo máximo e face lateral da coxa nas crianças.

Com esta via, é possível obter um rápido início de ação em comparação com a via oral; além disso, podem ser administradas preparações de depósito (utilizadas para prolongar a ação do medicamento), irritantes ligeiros, substâncias solúveis e suspensões.

No entanto, a via IM requer condições assépticas, é administrada por profissionais, pode ser dolorosa e pode provocar abcessos e lesões tecidulares locais.

Intravenosa (IV):

Injeção direta do medicamento na veia. O medicamento pode ser administrado em bolus ou em infusão intravenosa lenta.

A administração em bolus é uma dose única, grande, injetada rapidamente/lentamente como uma unidade única, por exemplo, furosemida, enquanto a injeção IV lenta envolve a adição do fármaco a um frasco contendo dextrose/salina, por exemplo, infusão de dopamina em choque cardiogénico.

Por esta via, é possível obter uma biodisponibilidade de 100% e um rápido início de ação, pelo que é adequada para situações de emergência. Por exemplo, quando o medicamento sedativo midazolam é administrado por via intravenosa, a sedação ocorre em 2 a 4 minutos.

Além disso, grandes volumes de fluidos, por exemplo, dextrose e medicamentos altamente irritantes, por exemplo, medicamentos anticancerígenos, podem ser administrados por esta via. É possível manter uma concentração plasmática constante através desta via de administração.

No entanto, uma vez injetado o medicamento, a sua ação não pode ser interrompida. A administração do medicamento por esta via pode causar irritação local, tromboflebite e necrose.

A exigência de condições assépticas rigorosas e a impossibilidade de autoadministração são outros inconvenientes. Além disso, não podem ser administradas preparações em depósito.

Deve ter-se o cuidado de assegurar que a ponta da agulha se encontra na veia, bem como a administração lenta do medicamento, quando se administram medicamentos por via intravenosa.

Intra-arterial:

Esta via é utilizada quando se pretende um efeito localizado de um fármaco num determinado tecido ou órgão. Por exemplo, no tratamento de um tumor renal ou de um cancro da cabeça/pescoço, o medicamento é injetado na artéria renal ou na artéria carótida, respetivamente.

Intratecal:

Injeção de um medicamento no espaço subaracnoide (no líquido cefalorraquidiano [LCR]). Esta via pode ser utilizada como método de administração direta de um fármaco no sistema nervoso central (SNC), por exemplo, anestesia espinal (lidocaína) e antibióticos (na meningite).

Injeção epidural:

Trata-se de uma injeção no espaço epidural, que é a área fora da dura-máter. É diferente da intratecal, uma vez que o fármaco não é administrado diretamente no LCR. Os fármacos anestésicos locais são administrados por esta via para proporcionar analgesia durante o parto.

Intra-articular:

O medicamento é injetado no espaço articular, por exemplo, hidrocortisona para a artrite reumatoide. Esta via requer condições assépticas e pode causar danos na cartilagem em caso de utilização repetida.

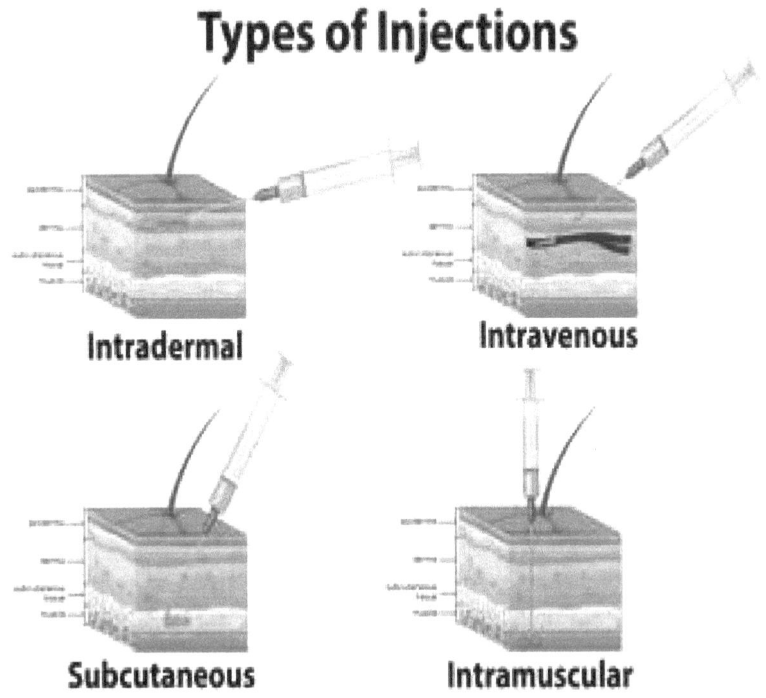

Figura 1.18 Tipos de injeção

DROGAS USADAS:

ACETAMINOFENO:

Figura 1.19 Estrutura do acetaminofeno

A acetaminofena, conhecida como paracetamol ou para-hidroxiacetanilida, é uma pedra angular no domínio dos analgésicos não opiáceos e dos agentes antipiréticos, servindo para aliviar a febre e gerir a dor ligeira a moderada.

A palavra "acetaminofeno" é uma forma abreviada de N-acetilaminofenol e foi cunhada e comercializada pela primeira vez pelos Laboratórios McNeil em 1955.

A sua acessibilidade como medicamento de venda livre, com nomes conhecidos como Tylenol e Panadol, sublinha o seu papel omnipresente nos cuidados de saúde.

Funcionalmente, o paracetamol reduz ligeiramente a temperatura corporal nas doses habituais, embora aquém da eficácia demonstrada pelo ibuprofeno. Apesar da sua ampla utilização, persistem incertezas quanto à sua eficácia no combate à febre, nomeadamente no contexto das origens virais.

Embora proporcione um alívio limitado nos casos de enxaqueca ligeira aguda, a sua eficácia nas cefaleias de tensão episódicas continua a ser marginal. No entanto, a combinação sinérgica de aspirina/paracetamol/cafeína surge como uma opção de tratamento de primeira linha para a dor ligeira associada a ambas as condições, demonstrando uma abordagem diferenciada ao controlo da dor.

No domínio da dor pós-cirúrgica, o paracetamol apresenta eficácia, embora menos pronunciada do que o ibuprofeno. É de salientar o aumento da potência conseguido através da combinação do paracetamol com o ibuprofeno, ultrapassando a eficácia de qualquer um dos fármacos isoladamente.

No entanto, o seu impacto na dor da osteoartrite é modesto, sendo a sua importância clínica questionada. Do mesmo modo, as provas que apoiam a sua aplicação na dor lombar, na dor oncológica e na dor neuropática continuam a ser insuficientes, justificando mais investigação e exploração clínica.

Em termos de segurança, a utilização a curto prazo do paracetamol, de acordo com as diretrizes regulamentadas, continua a ser considerada segura e eficaz, com efeitos adversos semelhantes aos do ibuprofeno e raramente ocorrendo. A sua preferência em relação aos anti-inflamatórios não esteróides (AINE) em doentes intolerantes ao ibuprofeno sublinha o seu perfil de segurança superior a longo prazo.

No entanto, o uso crónico de paracetamol pode precipitar efeitos adversos, como a diminuição dos níveis de hemoglobina sugestiva de hemorragia gastrointestinal e testes de função hepática anormais.

O cumprimento da dose máxima diária recomendada de três a quatro gramas para adultos é imperativo para mitigar os riscos potenciais, uma vez que exceder este limite pode levar a toxicidade, incluindo insuficiência hepática.

Apesar da sua eficácia e presença omnipresente, o paracetamol não está isento de riscos, sendo o envenenamento por paracetamol uma causa prevalente de insuficiência hepática aguda nas sociedades ocidentais.

A sua origem histórica remonta ao final do século XIX, tendo evoluído para um componente fundamental no tratamento da dor e da febre em todo o mundo, conquistando o seu lugar na Lista de Medicamentos Essenciais da Organização Mundial de Saúde.

Disponível em formulações genéricas e sob várias marcas, o paracetamol continua a ser uma terapia de base, comprovada pelo seu volume substancial de prescrição nos Estados Unidos e na Europa, emblemático da sua importância duradoura nos paradigmas modernos dos cuidados de saúde.

EFEITOS ADVERSOS:

Os efeitos adversos gastrointestinais, como náuseas e dores abdominais, estão frequentemente associados à utilização de paracetamol, com taxas de incidência comparáveis às observadas com o ibuprofeno.

 Notavelmente, foi observado um aumento do comportamento de risco entre os utilizadores. A US Food and Drug Administration destaca reacções cutâneas raras mas potencialmente fatais, como a síndrome de Stevens-Johnson e a necrólise epidérmica tóxica, como potenciais efeitos adversos do paracetamol.

Os testes de reintrodução e as análises das bases de dados de farmacovigilância sugerem um risco de ocorrência destas reacções graves, particularmente nas populações americanas.

Em ensaios clínicos centrados na osteoartrite, os participantes que tomaram paracetamol relataram efeitos adversos a uma taxa semelhante à dos que tomaram placebo. No entanto, os casos de testes de função hepática anormais, indicativos de inflamação ou danos no fígado, foram quase quatro vezes mais prevalentes entre os que tomaram paracetamol.

O significado clínico deste efeito permanece incerto. Além disso, após 13 semanas de tratamento com paracetamol para a dor no joelho, cerca de 20% dos participantes registaram uma queda nos níveis de hemoglobina, sugerindo hemorragia gastrointestinal - uma taxa comparável à do grupo do ibuprofeno.

Os dados de segurança a longo prazo do paracetamol provêm principalmente de estudos observacionais, devido à ausência de ensaios controlados. Estes estudos sugerem consistentemente uma associação entre o aumento da dosagem de paracetamol e resultados adversos, incluindo taxas de mortalidade elevadas e riscos de eventos cardiovasculares (como AVC e enfarte do miocárdio), problemas gastrointestinais (incluindo úlceras e hemorragias) e complicações renais.

A utilização regular de paracetamol, especialmente em doses superiores a 2-3 gramas por dia, aumenta significativamente o risco de hemorragias gastrointestinais e outras. As meta-análises indicam também um potencial aumento do risco de insuficiência renal e de cancro renal associado à utilização de paracetamol.

Mesmo sem sobredosagem, o paracetamol apresenta um risco de insuficiência hepática aguda, necessitando de transplante hepático mais frequentemente do que os anti-inflamatórios não esteróides.

Além disso, o uso crónico de paracetamol tem sido associado a aumentos ligeiros mas significativos da pressão arterial e da frequência cardíaca, contribuindo potencialmente para o desenvolvimento da hipertensão. O risco de hipertensão parece aumentar com doses mais elevadas.

Relativamente à sua associação com a asma em crianças, estudos recentes sugerem que o uso de paracetamol não tem um impacto significativo nas exacerbações da asma em comparação com o ibuprofeno. Apesar das controvérsias anteriores, as evidências actuais apontam para frequências semelhantes de exacerbações da asma após a administração de paracetamol ou ibuprofeno em crianças.

SOBREDOSAGEM:

A sobredosagem de paracetamol constitui uma preocupação grave, principalmente devido ao consumo de doses que excedem a dose diária máxima recomendada para adultos saudáveis, normalmente fixada em três a quatro gramas.

Exceder este limite representa um risco significativo de lesão hepática potencialmente fatal. É imperativo que uma dose única de paracetamol não exceda 1000 mg, com intervalos de pelo menos quatro horas entre as doses para mitigar a toxicidade potencial.

A gravidade da toxicidade do paracetamol é evidenciada pelo facto de ser a principal causa de insuficiência hepática aguda nos países ocidentais.

Nomeadamente, é responsável pela maioria das overdoses de medicamentos registadas nos Estados Unidos, no Reino Unido, na Austrália e na Nova Zelândia. Os incidentes de sobredosagem com paracetamol dão origem a mais chamadas para os centros de controlo de intoxicações nos EUA do que qualquer outra substância farmacológica, o que sublinha o seu profundo impacto na saúde pública.

As overdoses resultam frequentemente da utilização recreativa de doses elevadas de opiáceos sujeitos a receita médica, que contêm frequentemente paracetamol. O risco de sobredosagem é ainda agravado pelo consumo simultâneo de álcool, o que amplia o potencial de resultados adversos.

A sobredosagem de paracetamol não tratada conduz a uma doença prolongada e dolorosa. Inicialmente, os sintomas podem estar ausentes ou ser inespecíficos, com as manifestações a surgirem normalmente várias horas após a ingestão.

Os primeiros sinais incluem náuseas, vómitos, suores e dores abdominais, anunciando o início de uma insuficiência hepática aguda. Contrariamente ao que é comum pensar-se, os indivíduos que sofrem uma overdose de paracetamol não perdem a consciência, apesar da crença generalizada em contrário.

As estratégias de tratamento têm como principal objetivo expelir o paracetamol do organismo e repor os níveis de glutatião esgotados. A administração de carvão ativado na admissão hospitalar ajuda a diminuir a absorção do paracetamol.

A acetilcisteína, um precursor do glutatião, ajuda na regeneração do fígado e é administrada como antídoto para atenuar potenciais danos hepáticos. Em casos graves, pode ser necessário um transplante de fígado para evitar lesões hepáticas irreversíveis.

Historicamente, os protocolos de tratamento baseavam-se em nomogramas de tratamento adaptados a indivíduos com e sem factores de risco. No entanto, as recomendações actuais afastam-se das abordagens baseadas em nomogramas devido a provas inconsistentes que sustentam a sua eficácia. O papel da acetilcisteína na neutralização do metabolito tóxico do paracetamol, o NAPQI, é fundamental para atenuar a lesão hepática, embora a insuficiência renal continue a ser uma potencial complicação associada à sobredosagem.

Em conclusão, a sobredosagem de paracetamol representa um desafio significativo para a saúde pública, exigindo uma intervenção médica imediata para atenuar as potenciais complicações e evitar lesões irreversíveis nos órgãos. A educação contínua e as campanhas de sensibilização são cruciais para promover a utilização responsável do paracetamol e reduzir os incidentes de sobredosagem.

ASPIRINA:

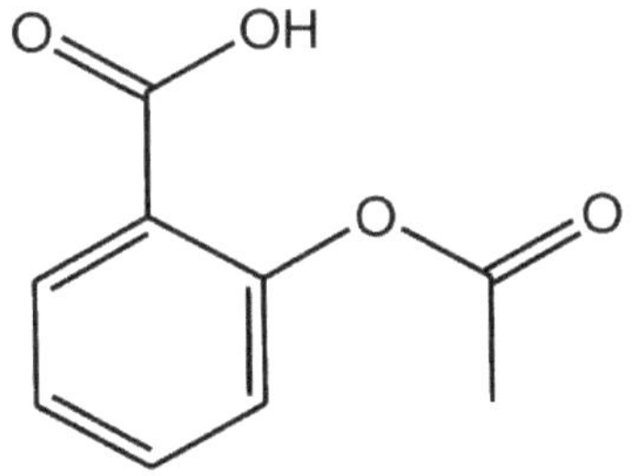

Figura 1.20 Estrutura da Aspirina

A aspirina, também conhecida como ácido acetilsalicílico (AAS), é um fármaco anti-inflamatório não esteroide (AINE) fundamental, utilizado para aliviar a dor, a febre, a inflamação e como agente antitrombótico. É utilizado no tratamento de doenças inflamatórias específicas, como a doença de Kawasaki, a pericardite e a febre reumática.

Em 1897, cientistas da empresa <u>Bayer</u> começaram a estudar o ácido acetilsalicílico como um medicamento de substituição menos irritante para os medicamentos comuns à base de salicilatos. Em 1899, a Bayer deu-lhe o nome de "Aspirina" e vendeu-a em todo o mundo.

Além disso, a aspirina serve como medida profiláctica a longo prazo contra ataques cardíacos recorrentes, acidentes vasculares cerebrais isquémicos e coágulos sanguíneos em indivíduos com risco elevado.

Normalmente, os seus efeitos analgésicos e antipiréticos manifestam-se aproximadamente 30 minutos após a administração. Funcionalmente semelhante a outros AINEs, a aspirina inibe de forma única a função plaquetária, contribuindo para as suas propriedades antitrombóticas.

Embora a aspirina ofereça benefícios terapêuticos, também apresenta alguns efeitos adversos. Normalmente, os indivíduos podem sentir perturbações gastrointestinais, com complicações mais graves, incluindo úlceras gástricas, hemorragias e exacerbação da asma.

O risco de hemorragia é maior nos idosos, nos consumidores de álcool, nos utilizadores concomitantes de outros AINEs ou nos que tomam anticoagulantes. Em particular, a aspirina está contra-indicada no final da gravidez e é geralmente evitada em crianças com infecções devido ao risco de síndrome de Reye. Doses elevadas podem precipitar sintomas como o zumbido.

As raízes da aspirina remontam à casca do salgueiro, onde um precursor da aspirina tem sido utilizado pelas suas propriedades medicinais há mais de 2400 anos.

O químico Charles Frédéric Gerhardt sintetizou o ácido acetilsalicílico a partir do salicilato de sódio e do cloreto de acetilo em 1853, marcando o início da forma moderna da aspirina. Os avanços subsequentes dos químicos, predominantemente da Bayer, elucidaram a sua estrutura química e aperfeiçoaram os métodos de produção.

A aspirina é amplamente acessível sem receita médica, estando disponível em formulações patenteadas e genéricas na maioria das jurisdições.

A sua prevalência global é imensa, com um consumo estimado de 40.000 toneladas anuais, compreendendo 50 a 120 mil milhões de comprimidos. Reconhecida como um medicamento essencial pela Organização Mundial de Saúde, a aspirina foi classificada como o 34º medicamento mais prescrito nos Estados Unidos em 2021, com mais de 17 milhões de prescrições dispensadas.

EFEITOS ADVERSOS:

Em outubro de 2020, a Food and Drug Administration (FDA) dos EUA obrigou a uma atualização dos rótulos de todos os medicamentos anti-inflamatórios não esteróides (AINE) para incluir informações sobre o risco potencial de problemas renais nos fetos, levando a níveis baixos de líquido amniótico. Esta ação regulamentar sublinha a importância de informar os prestadores de cuidados de saúde e as mulheres grávidas sobre os potenciais riscos associados à utilização de AINE durante a gravidez.

A FDA aconselha as mulheres grávidas a evitarem totalmente os AINEs a partir das 20 semanas de gravidez, devido ao risco acrescido de problemas renais e de níveis baixos de líquido amniótico nos fetos. Esta medida de precaução tem como objetivo salvaguardar a saúde materna e fatal durante as fases cruciais da gravidez.

No entanto, existe uma exceção a esta recomendação relativa à utilização de uma dose baixa de 81 mg de aspirina sob a orientação e supervisão de um profissional de saúde. Ao contrário de outros AINE, a aspirina em baixa dose pode ser considerada para indicações médicas específicas durante a gravidez, desde que a sua utilização seja cuidadosamente monitorizada e orientada por profissionais de saúde qualificados.

A inclusão desta exceção sublinha a abordagem diferenciada necessária na gestão das condições médicas durante a gravidez. Embora certos medicamentos possam representar riscos para a saúde do feto, outros, como a aspirina em doses baixas, podem oferecer benefícios quando utilizados judiciosamente sob controlo médico.

De um modo geral, a diretiva da FDA sublinha a importância de uma tomada de decisão informada e de uma colaboração estreita entre os prestadores de cuidados de saúde e as mulheres grávidas para garantir a gestão mais segura e adequada das condições médicas durante a gravidez, minimizando os riscos potenciais para a saúde materna e fetal.

A administração de aspirina exige uma análise cuidadosa das várias contra-indicações e dos potenciais efeitos adversos para garantir a segurança e a eficácia da sua utilização:

Reacções alérgicas: As pessoas alérgicas ao ibuprofeno, naproxeno ou com intolerância aos salicilatos devem evitar a aspirina devido ao risco de reacções alérgicas.

Intolerância generalizada a medicamentos: É necessária precaução em indivíduos com intolerância generalizada aos AINEs, uma vez que a aspirina pode exacerbar as reacções adversas.

Condições respiratórias: Os doentes com asma ou com antecedentes de broncoespasmo provocado por AINEs devem ter cuidado ao utilizar aspirina para evitar complicações respiratórias.

Preocupações gastrointestinais: Devido ao seu potencial para irritar o revestimento do estômago, os indivíduos com úlceras pépticas, diabetes ligeira ou gastrite devem procurar aconselhamento médico antes de utilizarem aspirina.

Distúrbios hemorrágicos: As pessoas com hemofilia ou outras tendências hemorrágicas devem evitar a aspirina e outros salicilatos para prevenir a exacerbação de perturbações hemorrágicas.

Condições genéticas: A aspirina pode causar anemia hemolítica em indivíduos com deficiência de glucose-6-fosfato desidrogenase, particularmente em doses elevadas.

Febre de dengue: A aspirina não deve ser utilizada durante a febre da dengue devido ao aumento do risco de hemorragia.

Gota: Doses diárias de aspirina de ≤325 mg e ≤100 mg por dia durante ≥2 dias podem aumentar o risco de ataques de gota, especialmente quando combinadas com dietas ricas em purinas, diuréticos ou doença renal.

Uso pediátrico: A aspirina não deve ser administrada a crianças ou adolescentes com idade inferior a 16 anos para controlar os sintomas de constipação ou gripe devido ao risco de síndroma de Reye.

Função renal: A aspirina diária de baixa dose não parece piorar a função renal e pode reduzir o risco cardiovascular em indivíduos com doença renal crónica (DRC) moderada sem aumentar significativamente o risco de hemorragia.

Oclusão da veia da retina: Apesar da sua utilização generalizada, as provas sugerem que a aspirina não beneficia os doentes com oclusão da veia da retina e pode mesmo agravar os resultados visuais.

Reacções cutâneas: A aspirina pode induzir reacções alérgicas, urticária crónica ou sintomas agudos de urticária, particularmente em indivíduos com atopia.

Cicatrização retardada: A aspirina e outros AINEs podem atrasar a cicatrização de feridas cutâneas.

Micro sangramentos cerebrais: A utilização de aspirina a longo prazo pode aumentar o risco de micro hemorragias cerebrais, conduzindo potencialmente a resultados neurológicos adversos.

Níveis de potássio: A aspirina e os AINEs podem induzir um estado hiporreninémico e hipoaldosterónico, conduzindo potencialmente a níveis elevados de potássio no sangue.

SOBREDOSAGEM:

A sobredosagem de aspirina pode manifestar-se como envenenamento agudo ou crónico. Nos casos agudos, os indivíduos ingerem uma única dose grande, enquanto o envenenamento crónico envolve o consumo de doses superiores às normais durante um período prolongado.

A sobredosagem aguda tem uma taxa de mortalidade de 2%, ao passo que a sobredosagem crónica é mais letal, com uma taxa de mortalidade de 25%; este risco é particularmente acentuado nas crianças.

A gestão da toxicidade da aspirina envolve várias modalidades de tratamento, incluindo a administração de carvão ativado, dextrose intravenosa e solução salina normal, terapia com bicarbonato de sódio e diálise.

O diagnóstico implica normalmente a medição dos níveis de salicilato no plasma, o metabolito ativo da aspirina, utilizando métodos espectrofotométricos automatizados.

Os níveis plasmáticos de salicilato variam consoante a dosagem e a duração da ingestão de aspirina, oscilando entre 30 e 100 mg/L após doses terapêuticas, 50-300 mg/L em indivíduos que consomem doses elevadas e 700-1400 mg/L após sobredosagem aguda.

Além disso, a exposição a substâncias como o subsalicilato de bismuto, o salicilato de metilo e o salicilato de sódio também pode levar à produção de salicilato.

A aspirina interage com vários medicamentos, podendo alterar os seus efeitos ou o seu metabolismo. A acetazolamida e o cloreto de amónio podem intensificar o efeito intoxicante dos salicilatos, enquanto o álcool agrava a hemorragia gastrointestinal associada ao uso de aspirina.

A aspirina compete com certos medicamentos pelos locais de ligação às proteínas no sangue, incluindo medicamentos antidiabéticos, varfarina, metotrexato, fenitoína e probenecida. Além disso, outros AINE, como o ibuprofeno e o naproxeno, podem diminuir os efeitos antiplaquetários da aspirina, embora isso possa não comprometer os seus benefícios cardioprotectores.

A aspirina pode também interferir com a secreção tubular renal da penicilina G e inibir a absorção da vitamina C.

A compreensão destas interações é vital para os prestadores de cuidados de saúde optimizarem a eficácia e a segurança do tratamento quando prescrevem aspirina e medicamentos co-administrados. A vigilância na monitorização dos doentes quanto a efeitos adversos e interações medicamentosas pode ajudar a mitigar os potenciais riscos associados à utilização da aspirina.

NUTMEG:

Figura 1.21 Diagrama da noz-moscada

A noz-moscada, derivada das sementes de várias espécies de árvores do género Myristica, em particular a noz-moscada perfumada ou noz-moscada verdadeira (M. fragrans), ocupa um lugar importante na culinária e no comércio.

Esta árvore perene de folhas escuras dá origem a duas especiarias muito apreciadas: a noz-moscada, obtida a partir da sua semente, e o macis, proveniente da cobertura da semente. Para além disso, a noz-moscada é uma fonte vital de óleo essencial de noz-moscada e de manteiga de noz-moscada.

O principal produtor de noz-moscada e macis é a Indonésia, onde a verdadeira árvore da noz-moscada é autóctone. Embora a noz-moscada seja predominantemente utilizada como especiaria, exceder a sua utilização culinária típica pode levar a vários problemas de saúde.

A noz-moscada em pó, quando consumida em quantidades excessivas, pode desencadear reacções alérgicas, induzir dermatites de contacto ou mesmo apresentar efeitos psicoactivos. Apesar da sua utilização histórica na medicina tradicional para tratar diversas doenças, os alegados benefícios medicinais da noz-moscada carecem de validação científica. É importante notar que o género Torreya, especificamente as coníferas conhecidas como teixos de noz-moscada, tem sementes semelhantes à noz-moscada na aparência. No entanto, estas sementes não estão intimamente relacionadas com a M. fragrans e não são utilizadas como especiaria culinária.

A noz-moscada, derivada das sementes da árvore da noz-moscada perfumada (Myristica fragrans), é uma especiaria popular conhecida pelo seu aroma e sabor caraterísticos. Eis algumas informações adicionais sobre a noz-moscada:

Processo de produção: A produção de noz-moscada envolve um processo meticuloso. As sementes são cuidadosamente secas ao sol durante um período de 15 a 30 semanas. Durante este período, a semente de noz-moscada encolhe do seu revestimento duro até os grãos chocalharem dentro das suas cascas. Uma vez secas, as cascas são abertas com paus de madeira e os grãos de noz-moscada são extraídos.

Aspeto: As sementes de noz-moscada secas caracterizam-se pela sua cor castanho-esverdeada e forma ovoide com superfícies sulcadas. Normalmente medem cerca de 20,5-30 mm (0,81-1,18 in) de comprimento e 15-18 mm (0,59-0,71 in) de largura, pesando aproximadamente 5-10 g (0,18-0,35 oz) quando secas.

Utilizações culinárias: A noz-moscada é uma especiaria versátil utilizada numa vasta gama de aplicações culinárias. O seu sabor quente e ligeiramente doce torna-a uma escolha popular para aromatizar vários pratos, incluindo produtos de padaria, confeitaria, pudins, batatas, carnes, salsichas, molhos, vegetais e bebidas como a gemada. A noz-moscada acrescenta profundidade e complexidade a receitas doces e salgadas.

Adulteração: É de notar que duas outras espécies do género Myristica, nomeadamente M. malabarica e M. argentea, possuem sabores diferentes da verdadeira noz-moscada (M. fragrans). Estas espécies são por vezes utilizadas para adulterar a noz-moscada como especiaria. A adulteração pode afetar a qualidade e o sabor dos produtos à base de noz-moscada, o que realça a importância de adquirir a noz-moscada genuína de fontes reputadas.

Utilização global: A noz-moscada é utilizada em várias cozinhas de todo o mundo, contribuindo para os sabores distintos dos pratos regionais. É um ingrediente fundamental em muitas receitas tradicionais e é também utilizada em criações culinárias modernas. A popularidade da noz-moscada estende-se por todos os continentes, com diferentes culturas a incorporarem-na nas suas tradições culinárias.

Benefícios para a saúde: Embora seja valorizada principalmente pelas suas propriedades aromatizantes, a noz-moscada também oferece potenciais benefícios para a saúde. Contém vários compostos que podem possuir propriedades antioxidantes e anti-inflamatórias. No entanto, tal como muitas especiarias, a noz-moscada é normalmente utilizada em pequenas quantidades em aplicações culinárias, e o consumo de grandes quantidades pode ter efeitos adversos.

EFEITOS ADVERSOS:

A substância química responsável pela "moca" causada pela noz-moscada é conhecida como miristicina. A miristicina é um <u>composto</u> que se encontra naturalmente nos óleos essenciais de certas plantas, como a salsa, o endro e a noz-moscada.

A miristicina também se encontra em diferentes especiarias. Constitui a maior parte da composição química do óleo de noz-moscada e encontra-se em grandes quantidades nesta especiaria. No corpo humano, a decomposição da miristicina produz um composto que afecta o sistema nervoso simpático.

<u>O peiote</u> é outra planta bem conhecida cujo composto, a mescalina, actua de forma semelhante à miristicina da noz-moscada. Tanto a mescalina como a miristicina <u>afectam</u> o sistema nervoso central (SNC), aumentando o neurotransmissor norepinefrina.

Este efeito no SNC é o que eventualmente leva a efeitos colaterais como alucinações, tonturas, náuseas e muito mais. A pesquisa sobre intoxicação por noz-moscada é escassa. Mas há um punhado de estudos e relatos de casos sobre alguns dos efeitos secundários perigosos do consumo excessivo de miristicina.

As primeiras alegações de "intoxicação" por noz-moscada remontam a <u>1500Trusted Source</u>, depois de uma mulher grávida ter comido mais de 10 nozes de noz-moscada. Foi só no século XIX que a investigação começou a investigar os efeitos da miristicina da noz-moscada no SNC.

Num <u>relato de caso</u>, uma mulher de 18 anos queixou-se de náuseas, tonturas, palpitações cardíacas e boca seca, entre outros sintomas. Embora não tenha relatado quaisquer alucinações, referiu sentir-se como se estivesse num estado de transe.

Mais tarde, foi revelado que ela tinha consumido quase 50 gramas (g) de noz-moscada sob a forma de um batido cerca de 30 minutos antes do início dos seus sintomas. Num estudo de caso muito mais recente, uma mulher de 37 anos sentiu os sintomas de intoxicação por miristicina depois de consumir apenas duas colheres de chá (cerca de 10 gramas) de noz-moscada. Os seus sintomas incluíam também tonturas, confusão, sonolência e uma boca extremamente seca.

Em ambos os estudos de caso, os sintomas ocorreram em poucas horas e mantiveram-se durante cerca de 10 horas. Ambos os indivíduos foram libertados após observação e recuperaram totalmente. Embora estes casos pareçam raros, uma análise da literatura Trusted Source do Illinois Poison Centre durante um período de 10 anos revelou mais de 30 casos documentados de envenenamento por noz-moscada. Uma análise dos dados investigou as exposições intencionais e não intencionais, bem como as interações medicamentosas que levaram à toxicidade.

A investigação revelou que quase 50 por cento dos casos foram intencionais, sendo que apenas 17 foram exposições não intencionais. O maior grupo de pessoas que foram expostas involuntariamente à intoxicação por noz-moscada foi o de menores de 13 anos. Alguns dos outros efeitos secundários notáveis foram problemas respiratórios, cardiovasculares e gástricos.

Os sintomas mais comuns na revisão de 10 anos incluíram: Alucinações, sonolência, tonturas, boca seca, confusão, convulsão.

SOBREDOSAGEM:

Embora a noz-moscada possa parecer uma forma fácil de experimentar ficar pedrado, a miristicina é um composto incrivelmente potente e perigoso quando tomado em grandes quantidades.

Para além dos efeitos a curto prazo da intoxicação por noz-moscada, o consumo excessivo desta especiaria apresenta riscos muito mais perigosos. Nalguns casos, doses tóxicas de miristicina provocaram a falência de órgãos. Noutros casos, a overdose de noz-moscada foi associada à morte quando utilizada em combinação com outras drogas.

Pequenas quantidades de noz-moscada podem ser utilizadas com segurança na cozinha. A maioria das receitas apenas requer cerca de 1/4 a 1/2 colher de chá de noz-moscada por receita. Estas receitas são frequentemente divididas em várias porções, o que faz com que a exposição efectiva à noz-moscada seja muito insignificante.

De acordo com os estudos de caso Trusted Source do Illinois Poison Center, mesmo 10 gramas (aproximadamente 2 colheres de chá) de noz-moscada são suficientes para causar sintomas de toxicidade. Em doses de 50 gramas ou mais, esses sintomas tornam-se mais graves.

Como qualquer outra droga, os perigos de uma overdose de noz-moscada podem ocorrer independentemente do método de administração. De acordo com o recurso de administração de medicamentos da Universidade de Utah, os diferentes métodos de ingestão podem afetar a rapidez com que os compostos activos chegam ao cérebro.

A inalação, ou fumo, é um dos métodos mais rápidos de administração. A injeção de um fármaco diretamente numa veia é o mais rápido e a inalação é frequentemente considerada o segundo método mais rápido. O método mais lento de administração de um fármaco ou composto é a ingestão da substância por via oral.

Por este motivo, os perigos do consumo de miristicina tornam-se muito mais prováveis para aqueles que optam por utilizar métodos alternativos de administração, como a inalação ou a injeção.

CODEINE:

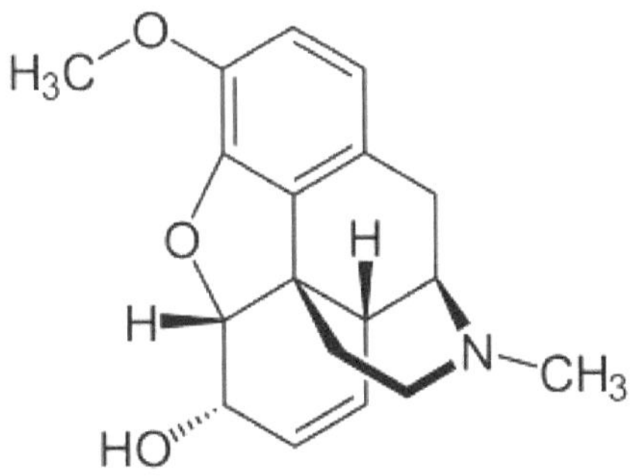

Figura 1.22 Estrutura da codeína

A codeína, um opiáceo e um pró-fármaco da morfina, tem como principal função o alívio da dor, a supressão da tosse e um agente antidiarreico. As suas origens remontam à seiva da papoila do ópio, Papaver somniferum. Normalmente administrada por via oral, a codeína é utilizada para tratar dores ligeiras a moderadas, muitas vezes em combinação com outros medicamentos, como o paracetamol ou os AINE, para aumentar a eficácia.

Embora a codeína tenha demonstrado eficácia no controlo da dor, as provas não apoiam a sua utilização para a supressão da tosse aguda em crianças ou adultos. As diretrizes europeias desaconselham a sua utilização como remédio para a tosse em crianças com menos de 12 anos.

O início dos efeitos da codeína ocorre normalmente 30 minutos após a administração, atingindo o seu pico cerca de duas horas e durando aproximadamente quatro a seis horas. No entanto, a sua utilização é acompanhada de riscos, incluindo o potencial de abuso, habituação e sobredosagem, tal como acontece com outros medicamentos opióides.

Os efeitos secundários comuns da codeína incluem vómitos, obstipação, comichão, tonturas e sonolência. As reacções adversas mais graves podem manifestar-se como dificuldades respiratórias e dependência.

A segurança da codeína durante a gravidez permanece incerta, e é necessário ter cuidado durante a amamentação devido ao risco de toxicidade opiácea nos bebés. A partir de 2016, a sua utilização em crianças não é geralmente recomendada.

A ação farmacológica da codeína depende da sua conversão em morfina pelo fígado, um processo influenciado por factores genéticos individuais. Descoberta em 1832 por Pierre Jean Robiquet, a codeína continua a ser um opiáceo muito utilizado, com valores significativos de produção e de consumo registados em 2013. Faz parte da lista de medicamentos essenciais da Organização Mundial de Saúde e representa cerca de 2% da composição do ópio.

EFEITOS ADVERSOS:

A codeína, tal como outros opiáceos, tem um espetro de efeitos adversos, que vão desde os mais comuns e menos graves até às complicações raras e potencialmente fatais. As reacções adversas mais frequentes associadas à utilização de codeína incluem sonolência e obstipação.

Os efeitos secundários menos frequentes incluem comichão, náuseas, vómitos, boca seca, pupilas dilatadas (miose), hipotensão ortostática, retenção urinária, euforia e disforia. Em alguns indivíduos, podem também ocorrer reacções alérgicas, tais como inchaço da pele e erupções cutâneas.

Particularmente preocupante é a depressão respiratória, uma reação adversa potencialmente grave que pode ocorrer com a utilização de codeína, especialmente em doses mais elevadas ou em indivíduos com a função respiratória comprometida.

A depressão respiratória pode ser dependente da dose e é um mecanismo primário subjacente às consequências fatais da sobredosagem de codeína. Nomeadamente, a codeína é metabolizada em morfina, que pode ser transmitida através do leite materno em quantidades suficientes para deprimir a respiração dos bebés amamentados, conduzindo potencialmente a resultados fatais.

A Food and Drug Administration (FDA) dos Estados Unidos emitiu avisos sobre o risco de morte em doentes pediátricos com menos de 6 anos de idade que consumiram doses normais de paracetamol com codeína após amigdalectomia, o que levou a um aviso de caixa negra em fevereiro de 2013.

Alguns indivíduos metabolizam a codeína em morfina de forma muito eficiente, resultando em níveis sanguíneos potencialmente letais, particularmente em doentes jovens submetidos a amigdalectomia. Assim, aconselha-se uma utilização cautelosa da codeína nesta população, recomendando-se a dose eficaz mais baixa e uma estreita supervisão médica.

O consumo crónico de codeína pode provocar dependência física e sintomas de abstinência após uma interrupção abrupta. Os sintomas de abstinência podem incluir desejo de tomar a droga, corrimento nasal, bocejos, suores, insónia, fraqueza, cólicas estomacais, náuseas, vómitos, diarreia, espasmos musculares, arrepios, irritabilidade e dor. Recomenda-se a redução gradual da codeína sob supervisão médica para minimizar os sintomas de abstinência.

O potencial de abuso da codeína, influenciado pelo seu metabolismo em morfina, sublinha a necessidade de uma monitorização e regulamentação cuidadosas da sua utilização. Nalgumas regiões, como a Irlanda, foram manifestadas preocupações quanto a uma potencial epidemia de dependência da codeína, devido à disponibilidade sem receita médica e aos desafios na monitorização das compras dos doentes em diferentes farmácias.

SOBREDOSAGEM:

É preocupante o facto de as mortes relacionadas com a toxicidade da codeína terem vindo a aumentar, especialmente devido a overdoses acidentais. Esta tendência sublinha a importância de compreender e abordar os riscos associados ao consumo de codeína, sobretudo entre indivíduos com antecedentes de abuso de substâncias, consumo de drogas injectáveis e dor crónica.

A dose máxima tolerada de codeína varia consoante a formulação:

1. Preparação de libertação imediata: Até 360 mg por dia.

2. Preparação de libertação controlada: Até 600 mg por dia.

A ultrapassagem destas doses máximas aumenta significativamente o risco de efeitos adversos e de sobredosagem, nomeadamente de depressão respiratória, que pode ser fatal.

O tratamento da toxicidade da codeína envolve o controlo dos sintomas e do grau de intoxicação. A terapia sintomática pode incluir medidas como enema para remover a droga restante do sistema digestivo.

No entanto, a terapia definitiva envolve a utilização de antagonistas opiáceos, sendo a naloxona o principal agente utilizado para este fim. A naloxona actua revertendo os efeitos dos opiáceos, incluindo a depressão respiratória, e pode salvar a vida em casos de sobredosagem de opiáceos.

É importante notar que a administração de antagonistas opiáceos como a naloxona a doentes fisicamente dependentes de opiáceos pode precipitar a síndrome de abstinência aguda. Este facto sublinha a necessidade de cautela na prescrição de antagonistas opiáceos a estes doentes, podendo ser necessárias doses inferiores às habituais para minimizar o risco de precipitar a abstinência.

Para além do tratamento agudo da sobredosagem, existe uma necessidade crítica de intervenção especializada para os indivíduos que estão em risco de dependência ou abuso de codeína. Esta intervenção deve abordar as necessidades complexas da população de doentes, incluindo os problemas de abuso de substâncias, a gestão da dor crónica e a potencial escalada do consumo de codeína.

Os prestadores de cuidados de saúde devem manter-se vigilantes na prescrição de opiáceos como a codeína, avaliando cuidadosamente os factores de risco de cada doente, informando-os sobre os potenciais perigos de utilização indevida e de sobredosagem e acompanhando de perto a sua utilização destes medicamentos para evitar resultados adversos.

O uso crónico de codeína pode, de facto, levar à dependência física, o que, por sua vez, pode resultar em graves sintomas de abstinência se o medicamento for subitamente interrompido. Estes sintomas de abstinência podem ser bastante desconfortáveis e podem incluir desejos de droga, corrimento nasal, bocejos, suores, insónias, fraqueza, cãibras no estômago, náuseas, vómitos, diarreia, espasmos musculares, arrepios, irritabilidade e dor.

É de notar que as combinações de codeína com acetaminofeno ou aspirina também podem produzir sintomas de abstinência, embora em menor grau.

Para minimizar o desconforto dos sintomas de abstinência, os indivíduos que utilizam codeína há muito tempo devem reduzir gradualmente a medicação sob a supervisão de um profissional de saúde.

Relativamente à utilização da inibição do CYP2D6 no tratamento da dependência da codeína, não existem atualmente provas que sustentem a sua eficácia. Embora o metabolismo da codeína em morfina afecte o seu potencial de abuso, o papel da inibição da CYP2D6 no tratamento da dependência da codeína não foi estabelecido.

No entanto, é importante notar que a CYP2D6 tem sido implicada na toxicidade e morte de recém-nascidos quando a codeína é administrada a mães lactantes, especialmente aquelas com atividade enzimática aumentada, conhecidas como "metabolizadores ultra-rápidos".

Em 2019, a Irlanda enfrentou preocupações sobre uma potencial epidemia de dependência de codeína, conforme relatado no Irish Medical Journal. Um fator que contribuiu para isso foi a disponibilidade de codeína sem receita médica sob a supervisão de um farmacêutico, sem mecanismos para rastrear pacientes que podem estar obtendo codeína em várias farmácias.

Esta falta de controlo pode ter facilitado a utilização indevida e contribuído para o problema crescente da dependência da codeína. Estas situações sublinham a importância de aplicar medidas eficazes para monitorizar e regular a utilização de medicamentos como a codeína, a fim de evitar o abuso e a dependência de substâncias.

QUÍMICA FORENSE:

A química forense, que engloba a toxicologia forense, envolve a aplicação de princípios químicos em contextos legais. O papel de um químico forense estende-se à ajuda na identificação de substâncias desconhecidas descobertas em locais de crime.

Utilizando um conjunto diversificado de métodos e instrumentos, como a cromatografia líquida de alta eficiência, a cromatografia gasosa e a espetrometria de massa, a espetroscopia de absorção atómica, a espetroscopia de infravermelhos com transformada de Fourier e a cromatografia de camada fina, os especialistas neste domínio enfrentam o desafio de identificar numerosas substâncias desconhecidas que podem estar potencialmente presentes num local de crime, minimizando o impacto destrutivo das suas análises.

A sua preferência pela utilização de métodos não destrutivos sublinha inicialmente a importância da preservação de provas e a utilização estratégica de técnicas mais invasivas. Ao fazê-lo, os químicos forenses asseguram que as provas cruciais são salvaguardadas e que as investigações posteriores podem ser conduzidas com precisão para efeitos de justiça.

PAPEL DO QUÍMICO FORENSE:

Em processos judiciais, os químicos forenses, tal como outros peritos forenses, actuam frequentemente como testemunhas especializadas, apresentando as suas conclusões em tribunal. Seguem as normas estabelecidas propostas por vários organismos, incluindo o Grupo de Trabalho Científico para a Análise de Drogas Apreendidas; e, frequentemente, seguem protocolos específicos, ditados pelas respectivas agências, relativos à garantia e ao controlo da qualidade.

A verificação rigorosa dos instrumentos e dos procedimentos garante a exatidão e a fiabilidade dos resultados forenses. Controlos e calibrações regulares garantem que os instrumentos permanecem funcionais e capazes de detetar e quantificar substâncias com precisão.

Através destas práticas meticulosas, os químicos forenses defendem a integridade das suas análises e contribuem para a prossecução da justiça, no âmbito do sistema jurídico.

A análise efectuada pelos químicos forenses constitui uma fonte essencial de pistas para os investigadores, permitindo-lhes confirmar ou rejeitar as suas suspeitas.

Através da identificação de várias substâncias descobertas num local de crime, os investigadores obtêm informações valiosas sobre aquilo em que se devem concentrar durante os seus esforços de investigação.

Particularmente, nas investigações de incêndios, os químicos forenses desempenham um papel crucial na determinação da presença de aceleradores, como a gasolina ou o querosene, indicando um potencial fogo posto. Tais descobertas orientam os investigadores no sentido de concluírem se o fogo foi deliberadamente ateado.

Além disso, os químicos forenses ajudam a reduzir a lista de suspeitos, identificando indivíduos com acesso a substâncias específicas utilizadas num crime.

Por exemplo, nas investigações de explosivos, a deteção de explosivos de grau militar, como o RDX ou o C-4, sugere uma ligação militar; enquanto a presença de TNT alarga o leque de suspeitos, incluindo tanto empresas de demolição como fontes militares.

Em casos de envenenamento, a deteção de venenos específicos por parte de químicos forenses fornece aos detectives pistas valiosas durante os interrogatórios dos suspeitos.

Por exemplo, a identificação de ricina leva os investigadores a procurar os seus precursores, como as sementes da planta do óleo de rícino. Além disso, os químicos forenses desempenham um papel crucial na validação ou refutação de suspeitas em casos relacionados com drogas ou álcool.

A sua instrumentação precisa permite a deteção de quantidades ínfimas, o que se revela fundamental em casos como o da condução sob influência, em que limiares específicos de teor de álcool no sangue desencadeiam sanções.

Além disso, em cenários de suspeita de overdose, a quantidade de drogas encontrada no organismo de um indivíduo ajuda a confirmar ou a excluir a overdose como causa da morte. Através das suas análises meticulosas e medições precisas, os químicos forenses contribuem significativamente para a resolução de várias investigações criminais.

TOXICOLOGIA FORENSE:

A toxicologia forense engloba o estudo intrincado da farmacodinâmica, que investiga a forma como as substâncias interagem com o corpo humano, e da farmacocinética, que elucida os processos do corpo no manuseamento dessas substâncias.

É imperativo que os toxicologistas forenses compreendam as nuances dos níveis de tolerância às drogas que os indivíduos podem desenvolver e compreendam o índice terapêutico de vários produtos farmacêuticos para avaliar com precisão os seus efeitos no organismo.

O seu papel fundamental consiste em discernir se as toxinas detectadas desempenharam um papel causal ou contributivo num incidente, ou se os seus níveis eram demasiado baixos para induzir qualquer efeito significativo.

Embora a identificação de toxinas específicas possa ser morosa devido à miríade de substâncias capazes de causar danos ou mortes, certos indicadores ajudam a reduzir as possibilidades.

Em particular, o envenenamento por monóxido de carbono manifesta-se no sangue com uma tonalidade vermelha brilhante distinta, enquanto a morte resultante do envenenamento por sulfureto de hidrogénio pode apresentar um cérebro com uma tonalidade esverdeada.

Os toxicologistas também analisam os metabolitos produzidos à medida que os medicamentos se decompõem no organismo.

Por exemplo, a presença de 6-monoacetilmorfina numa amostra confirma o consumo de heroína, uma vez que resulta exclusivamente da decomposição da heroína. O aparecimento incessante de novas drogas, tanto lícitas como ilícitas, obriga os toxicologistas a manterem-se a par da evolução da investigação e das metodologias de teste.

O afluxo perpétuo de novas formulações torna os resultados negativos dos testes inconclusivos, uma vez que os fabricantes de drogas ilícitas alteram frequentemente as estruturas químicas para evitar a deteção. Estes compostos escapam frequentemente aos exames toxicológicos de rotina e podem ser camuflados por substâncias conhecidas na mesma amostra.

À medida que surgem novos compostos, os toxicologistas estabelecem os seus perfis espectrais e integram-nos em bases de dados acessíveis para referência.

Os laboratórios também mantêm bases de dados internas localizadas que catalogam as substâncias detectadas nas suas regiões. Este panorama dinâmico sublinha o desafio permanente enfrentado pelos toxicologistas forenses na busca incessante de identificar e decifrar os efeitos de um conjunto diversificado de substâncias no corpo humano.

Para o efeito, os peritos forenses recorrem a testes presuntivos, utilizando determinados produtos químicos no local do crime, a fim de determinar a possibilidade de existir determinada droga no local do crime.

Isto pode ser testado pela mudança de cor que ocorre garantindo a presença de certos medicamentos.

CAPÍTULO - 2
REVISÃO DA LITERATURA

REVISÃO DA LITERATURA:

1. VALIDAÇÃO DE DOZE TESTES QUÍMICOS PONTUAIS PARA A DETECÇÃO DE DROGAS DE ABUSO

AUTOR: Carol L O'Neal, Dennis J Crouch, Alim A Fatah

RESUMO:

Descrevem-se procedimentos de validação para 12 testes químicos pontuais, incluindo tiocianato de cobalto, Dille-Koppanyi, Duquenois-Levine, Mandelin, Marquis, ácido nítrico, para-dimetilaminobenzaldeído, cloreto férrico, Froehde, Mecke, Zwikker e Simon's (nitroprussiato). Os procedimentos de validação incluem a especificidade e o limite de deteção. Em função da especificidade de cada corteste de foram testados entre 28 a 45 fármacos ou substâncias químicas em triplicado com cada um dos 12 testes químicos pontuais. Para cada teste químico, as cores finais resultantes de reacções positivas com quantidades conhecidas de analitos foram comparadas com duas tabelas de cores de referência. Para a identificação de drogas desconhecidas, as cores de referência do Inter-Society Color Council e do National Bureau of Standards (ISCC-NBS) e as tabelas de Munsell são incluídas juntamente com uma descrição de cada cor final. Estes testes químicos pontuais foram considerados muito sensíveis, com limites de deteção tipicamente de 1 a 50 µg, dependendo do teste e do analito.

2. A ASPIRINA E OS SEUS COMPLEXOS COLORIDOS: COMO ESTE MEDICAMENTO REAGE COM IÕES METÁLICOS

AUTOR: Volpi Giorgio, Francesca Turco, Giuseppina Cerrato

RESUMO:

Uma experiência laboratorial para a extração e purificação do ácido acetilsalicílico de aspirinas comerciais e a sua reação com soluções de Fe(III) e Cu(II). As reacções de complexação são facilmente observáveis graças às intensas variações de cor, mas a identidade do composto extraído e sintetizado foi verificada por cromatografia em camada fina, espetroscopia UV-vis, fluorescência e infravermelhos e espetrometria de massa. Esta experiência demonstra que a variação do ligando e do metal de transição pode dar origem a diferentes estruturas e, consequentemente, a diferentes propriedades ópticas.

3. QUÍMICA FORENSE DOS ALCALÓIDES: TESTE DE COR PRESUNTIVO

Autores: Darsigny C, Leblanc-Couture M e DesgagnéPenix I

RESUMO:

As provas recolhidas em locais de crime incluem frequentemente pós, comprimidos e pastilhas desconhecidos, muitos dos quais são drogas ilícitas difíceis de identificar visualmente. Os testes de cor presuntivos ajudam a reconhecer materiais de droga no local através de mudanças rápidas de cor. A maioria destes testes baseia-se em reacções químicas qualitativas e foram entretanto padronizados. Embora simples e rápidos, os testes qualitativos fornecem apenas dados analíticos preliminares. No entanto, estes testes continuam a ser componentes importantes das investigações no local do crime e as autoridades governamentais utilizam-nos para detetar drogas ilícitas no terreno. A compreensão da química subjacente aos testes de cor presuntivos permite prever reacções a padrões de drogas conhecidos. No entanto, na presença de agentes de corte e outros produtos químicos, os resultados dos testes presuntivos de cor podem não ser previsíveis devido, em parte, à interferência de produtos químicos contaminantes. A maioria dos testes presuntivos descritos foi desenvolvida para drogas "clássicas", como os opiáceos, as anfetaminas e a cocaína, mas todos os dias surgem no mercado novas substâncias psicoactivas e agentes de corte. Entre elas, os alcalóides (p. ex., lobelina, cafeína, piperina) podem ser adquiridos fácil e legalmente através da Internet ou em lojas locais e são frequentemente utilizados para embelezar ou cortar drogas. Este estudo é o primeiro a prever e documentar os resultados de 7 dos testes de cor presuntivos mais comuns com vários padrões de alcalóides. Avaliámos estes testes com misturas de alcalóides para determinar a interferência, caso exista, nos resultados de cor. Efectuámos testes de cor presuntiva em vários agentes de corte populares e, por último, testámos várias misturas de drogas/alcalóides/agentes de corte potencialmente semelhantes a amostras apreendidas no terreno. Os resultados mostraram que a previsão da cor funcionou bem com padrões puros, mas os testes de cor não puderam ser previstos para misturas na maioria dos casos. Além disso, os agentes de corte alcalóides interferem frequentemente nos resultados dos testes de cor presumidos, afectando os resultados. Uma melhor compreensão dos testes de cor presumidos, associada a bases de dados mais bem preenchidas de resultados de cor envolvendo agentes de corte, ajudará a reduzir os falsos positivos e os falsos negativos, melhorando assim os testes iniciais de provas apreendidas.

4. TOXICIDADE DA NOZ-MOSCADA (MIRISTICINA): UMA REVISÃO

AUTOR: Rahman N.A.A, Fazilah A e Effarizah M.E

RESUMO:

Neste artigo, é apresentada uma análise pormenorizada da miristicina. Numerosas literaturas referem que a miristicina é responsável por efeitos alucinogénios, induzidos pelo consumo de noz-moscada devido à sua estrutura metabólica de 3-metoxi-4,5-metilendioxianfetamina (MMDA). A dose mínima de noz-moscada que pode causar efeitos psicogénicos é de 5 g (noz-moscada moída) com 1 a 2 mg de teor de miristicina, sendo esta dose considerada como "dose tóxica". Com doses mais elevadas de miristicina, pode ocorrer a morte. Além disso, o envenenamento por miristicina pode levar a muitos problemas de saúde relacionados com problemas cerebrais. Estes sintomas ocorrem geralmente 3 a 6 horas após a ingestão de miristicina ou de géneros alimentícios que a contenham, e os efeitos podem persistir até 72 horas. Na base de dados eletrónica do California Poison Control System (CPCS), 72,3% das exposições entre 1997 e 2008 foram intencionais para fins recreativos (entre os 13 e os 20 anos de idade). As restantes foram consideradas exposições não intencionais. Entre 1998 e 2008, a Texas Poison Center Network (TPCN) recebeu dezassete casos de envenenamento por noz-moscada, 64,7% dos quais envolveram abuso e os restantes foram exposições não intencionais. A maior parte das exposições à noz-moscada foi efectuada por via oral e os casos menos graves de exposição à noz-moscada ocorreram através da insuflação de noz-moscada, de exposições dérmicas e oculares não intencionais. A noz-moscada também tem sido utilizada de forma incorrecta, misturando-a com outras drogas para ficar "pedrada". Nos casos de intoxicação, serão prestados tratamentos como a descontaminação (catártico, carvão vegetal, diluição, ar fresco, fluidos intravenosos) e cuidados de apoio (benzodiazepinas) para reduzir os efeitos.

5. ANÁLISE DOS TESTES QUÍMICOS "PONTUAIS": UMA TÉCNICA DE IDENTIFICAÇÃO PRESUNTIVA DE DROGAS ILÍCITAS

AUTOR: Morgan Philp, Shanlin Fu

RESUMO:

Os testes químicos "pontuais" são uma técnica de identificação presuntiva de drogas ilícitas habitualmente utilizada pelas autoridades policiais, pelo pessoal de segurança das fronteiras e pelos laboratórios forenses. A simplicidade, o baixo custo e os resultados rápidos proporcionados por estes testes tornam-nos particularmente atractivos para a identificação presuntiva a nível mundial. Neste documento, analisamos o desenvolvimento destes métodos há muito estabelecidos e discutimos as recomendações e diretrizes dos testes de cor. Uma pesquisa na literatura científica revelou que as reacções químicas que ocorrem em muitos testes de cor não são ativamente investigadas ou são dadas como desconhecidas. Atualmente, os testes de cor enfrentam muitos desafios, desde o aparecimento de novas substâncias psicoactivas a preocupações relativas à seletividade, sensibilidade e segurança. Os avanços tecnológicos permitiram que os reagentes dos testes de cor fossem utilizados na análise digital de imagens a cores, em sensores sólidos e em dispositivos microfluídicos para a deteção de drogas ilícitas. Este artigo resume a investigação atual e sugere o futuro dos testes de cor presuntivos.

CAPÍTULO - 3
OBJECTIVO E ÂMBITO DE APLICAÇÃO

OBJECTIVO:

Análise de drogas ilícitas através de testes presuntivos

ÂMBITO DE APLICAÇÃO:

Esta experiência ajuda a encontrar formas rápidas e fiáveis de identificar drogas ilícitas através de testes preliminares habitualmente utilizados em medicina legal. Implica escolher os melhores testes e certificar-se de que funcionam bem na deteção de diferentes tipos de drogas, como opiáceos, marijuana, cocaína e outras. Os cientistas utilizam amostras de drogas conhecidas para testar o bom funcionamento destes testes e podem tentar melhorá-los para obter melhores resultados. Também analisarão quaisquer problemas ou limitações dos testes e certificar-se-ão de que estes lidam com substâncias perigosas de forma segura. O objetivo é ajudar os laboratórios forenses e a polícia a descobrir rapidamente com que drogas estão a lidar em casos criminais e ajudá-los a iniciar facilmente a investigação sem perder muito tempo.

CAPÍTULO - 4

RECOLHA E PREPARAÇÃO DE AMOSTRAS

MATERIAIS NECESSÁRIOS:

- Amostra de medicamento
- Saco de plástico com fecho de correr
- Tubos de ensaio
- Suporte para tubos de ensaio
- Conta-gotas
- Espátula
- Varão de vidro
- Clorofórmio
- Ácido Sulfúrico Concentrado
- Formaldeídos
- Ácido nítrico concentrado
- Cloreto férrico anidro
- Água destilada

RECOLHA DE AMOSTRAS:

A recolha de amostras na experiência envolve a recolha de vários tipos de amostras de drogas ilícitas normalmente encontradas em investigações forenses. Estas incluem pós, materiais vegetais e líquidos suspeitos de conterem substâncias ilícitas como opiáceos, canabinóides, estimulantes, alucinogénios e depressores. As amostras são obtidas de fontes controladas para fins de investigação. A documentação cuidadosa das origens das amostras, dos procedimentos de manuseamento e da cadeia de custódia é crucial para manter a integridade e a fiabilidade ao longo do processo de análise. São observados protocolos de segurança para garantir o manuseamento, embalagem e armazenamento corretos das amostras, a fim de evitar a contaminação e garantir a segurança do pessoal do laboratório. A rotulagem e a documentação adequadas das amostras são essenciais para o rastreio e a análise exactos no âmbito do laboratório forense.

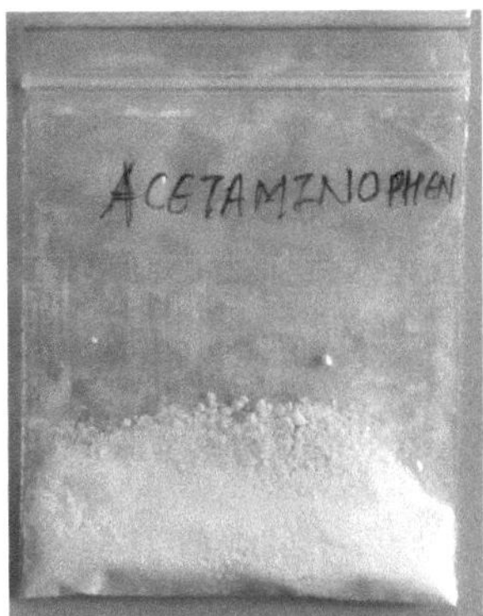

Figura 4.1 Amostra de acetaminofeno Figura 4.2 Amostra de noz-moscada

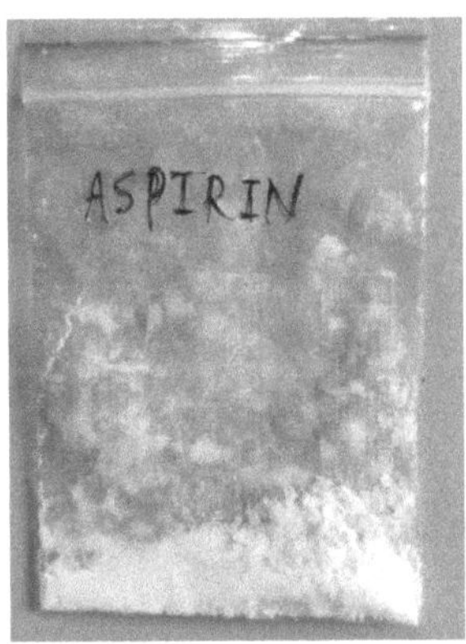

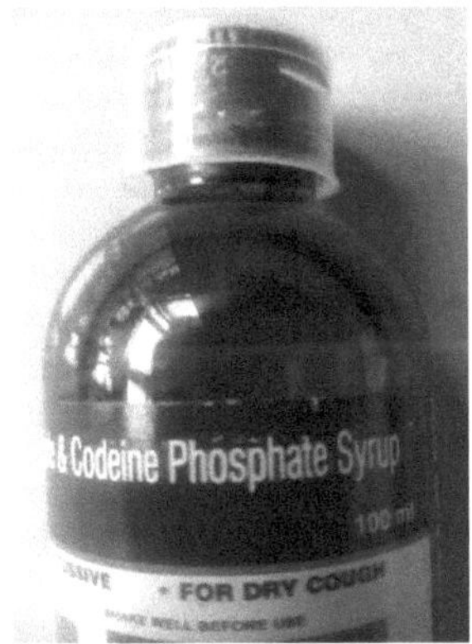

Figura 4.3 Amostra de Aspirina Figura 4.4 Amostra de Codeína

PREPARAÇÃO DA AMOSTRA:

Para os testes mencionados no próximo capítulo, temos de converter a forma sólida da amostra em forma líquida, dissolvendo-a em clorofórmio.

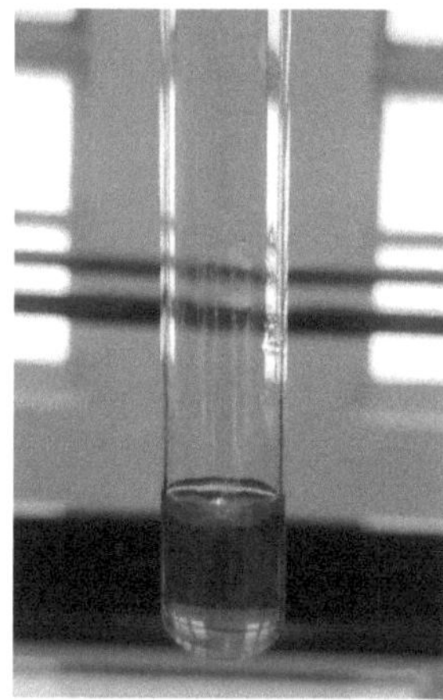

Figura 4.5 Amostra preparada de noz-moscada Figura 4.6 Amostra preparada de codeína

Figura 4.7 Amostra preparada de Figura 4.8 Amostra preparada de

Acetaminofeno Aspirina

CAPÍTULO - 5

METODOLOGIA

<u>METODOLOGIA:</u>

Realizei testes presuntivos para análise de drogas, tendo efectuado os seguintes testes

1. Teste do Reagente Marquis

O reagente de Marquis é um teste presuntivo comum utilizado na ciência forense para identificar certos tipos de drogas ilícitas. É constituído principalmente por uma solução de formaldeído e ácido sulfúrico concentrado.

Quando o reagente Marquis é aplicado a uma amostra suspeita de conter drogas como opiáceos, morfina, anfetaminas ou MDMA (ecstasy), produz reacções coloridas específicas indicativas da presença destas substâncias.

Por exemplo, uma alteração de cor púrpura pode sugerir a presença de opiáceos, enquanto alterações de cor laranja-castanho podem indicar a presença de anfetaminas.

No entanto, é importante notar que o teste Marquis é uma ferramenta de rastreio preliminar e não uma prova definitiva da presença de uma droga específica. Normalmente, são necessários testes de confirmação utilizando métodos mais sofisticados para uma identificação e análise exactas. Além disso, o reagente Marquis é cáustico e deve ser manuseado com cuidado num ambiente laboratorial controlado com medidas de segurança adequadas.

Figura 5.1 Reagente Marquis

2. Teste de ácido nítrico

O reagente de ácido nítrico é outro teste presuntivo comum utilizado na análise forense para identificar determinados tipos de drogas ilícitas. O teste envolve a reação da substância suspeita com ácido nítrico, que pode produzir alterações de cor específicas ou outras reacções observáveis indicativas da presença de determinados compostos de drogas.

Uma aplicação notável do reagente de ácido nítrico é a análise da cocaína. Quando o cloridrato de cocaína (sal de cocaína) entra em contacto com o ácido nítrico, forma um composto distinto conhecido como nitrato de cocaína. Esta reação resulta normalmente numa coloração amarela brilhante, que serve como indicação presuntiva da presença de cocaína na amostra testada.

No entanto, é essencial recordar que os testes presuntivos, como o teste do ácido nítrico, fornecem indicações preliminares e não constituem uma prova definitiva da presença de drogas específicas. Os testes de confirmação que utilizam métodos analíticos mais precisos, como a cromatografia ou a espetrometria, são normalmente necessários para a identificação e quantificação exactas de substâncias ilícitas.

Como em qualquer procedimento de teste químico, devem ser observadas as devidas precauções de segurança ao manusear o reagente de ácido nítrico, uma vez que este é corrosivo e pode causar queimaduras graves ou outras lesões se for mal manuseado. Por conseguinte, os ensaios com reagente de ácido nítrico devem ser realizados num ambiente laboratorial controlado por pessoal com formação adequada, seguindo os protocolos de segurança estabelecidos.

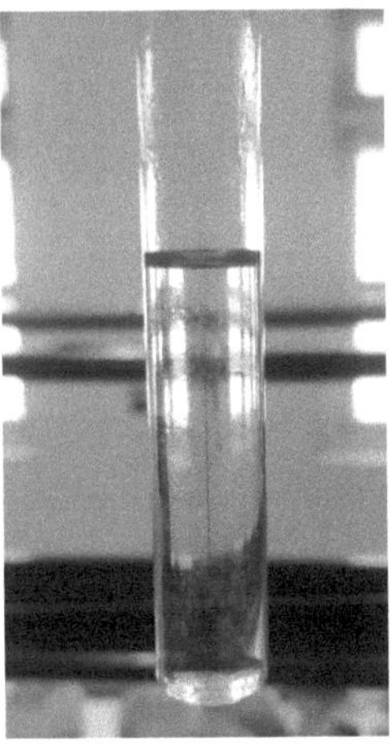

Figura 5.2 Ácido nítrico

3. Teste de cloreto férrico

O reagente de cloreto férrico é outro teste presuntivo comummente utilizado na análise forense para identificar tipos específicos de drogas ilícitas. Este teste baseia-se na reação entre a substância suspeita e a solução de cloreto férrico, resultando em alterações de cor caraterísticas ou outras reacções observáveis que podem indicar a presença de determinados compostos de drogas.

Uma aplicação significativa do reagente de cloreto férrico é a deteção de fenetilaminas, que são uma classe de drogas que inclui substâncias como o MDMA (ecstasy) e as anfetaminas. Quando as fenetilaminas reagem com o cloreto férrico, produzem frequentemente uma alteração de cor caraterística, como uma tonalidade verde ou azul-verde, dependendo do composto específico presente.

Tal como outros testes presuntivos, é importante reconhecer que os resultados obtidos com o teste de cloreto férrico servem como indicações preliminares e não são uma prova definitiva da presença de drogas específicas. Os testes de confirmação que utilizam métodos analíticos mais precisos, como a cromatografia ou a espetrometria, são normalmente necessários para a identificação e quantificação exactas de substâncias ilícitas.

Tal como acontece com qualquer procedimento de teste químico, devem ser seguidas as precauções de segurança adequadas ao manusear o reagente de cloreto férrico, uma vez que este pode ser corrosivo e apresentar riscos se for mal manuseado. Por conseguinte, os ensaios com cloreto férrico devem ser realizados num ambiente laboratorial controlado por pessoal com formação adequada, seguindo os protocolos de segurança estabelecidos.

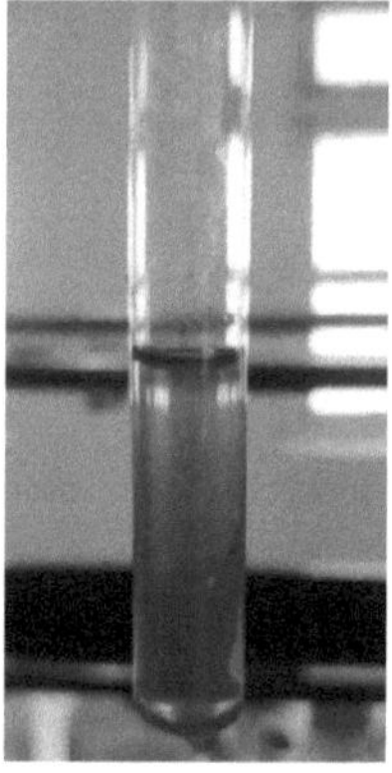

Figura 5.3 Cloreto férrico

Esta experiência tem duas partes: preparação dos reagentes e realização dos testes

PARTE 1: PREPARAÇÃO DOS REAGENTES

Antes de efetuar os testes, é necessário preparar os reagentes. A quantidade de cada reagente necessária depende do número de testes que se pretende efetuar numa placa ou em tubos de ensaio.

Decidimos preparar cerca de 5 ml de cada reagente, o que é suficiente para muitos testes utilizando uma placa de ensaio, e preparar cerca de 10 ml de cada reagente se estiver a utilizar um tubo de ensaio.

Para preparar o Reagente Marquis, adicionar cinco gotas (0,25 ml) de formaldeído a 40% a 5 ml de ácido sulfúrico concentrado. Agitar bem para misturar e armazenar o reagente Marquis num frasco rotulado ou noutro recipiente hermético.

O reagente de ácido nítrico é simplesmente ácido nítrico concentrado (~70%). Para maior comodidade, pode transferir 5 ml de ácido nítrico concentrado para um frasco rotulado.

Para preparar o reagente de cloreto férrico, dissolver 0,10 g de cloreto férrico anidro em 5 ml de água.

Utilize reagentes preparados de fresco para garantir que os seus resultados são reproduzíveis.

PARTE 2 : EXECUÇÃO DOS TESTES

Embora seja possível efetuar vários ensaios em simultâneo, se o tempo for escasso, é preferível efetuar um ensaio separado para cada substância. Sugerimos que cada substância seja testada com cada reagente dissolvido no solvente recomendado para esse reagente, ou seja, clorofórmio para o reagente Marquis, reagente de ácido nítrico e reagente de cloreto férrico. Para cada substância que está a testar, siga os seguintes passos

- Adicione alguns grânulos da substância (se for sólida) ou algumas gotas da substância (se for líquida) a um tubo de ensaio. Se estiver a testar uma substância sólida em solução, adicione algumas gotas do solvente adequado e deixe o sólido dissolver-se.
- Adicionar algumas gotas do reagente e registar quaisquer alterações óbvias na cor. Depois de a mudança parecer estar completa, continuar a observar durante alguns segundos para ver se ocorre mais alguma mudança.
- Repetir os passos para todas as amostras, registando os nomes ou a descrição das amostras.

CAPÍTULO - 6
OBSERVAÇÕES

1. <u>TESTE DO REAGENTE MARQUIS:</u>

Figura 6.1 Observação para Figura 6.2 Observação para Acetaminofeno Aspirina

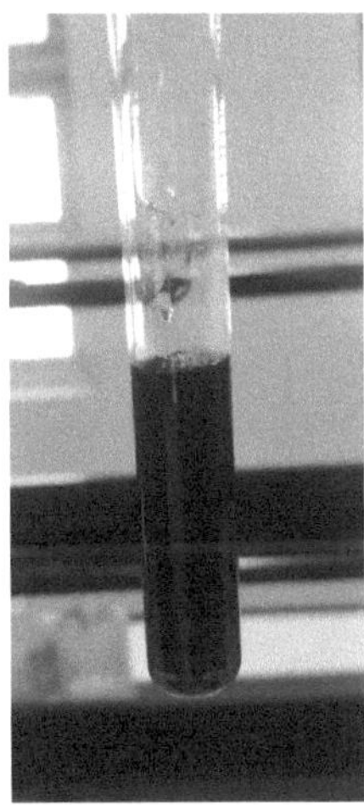

Figura 6.3 Observação para a noz-moscada Figura 6.4 Observação para a codeína

2. __TESTE DO ÁCIDO NÍTRICO:__

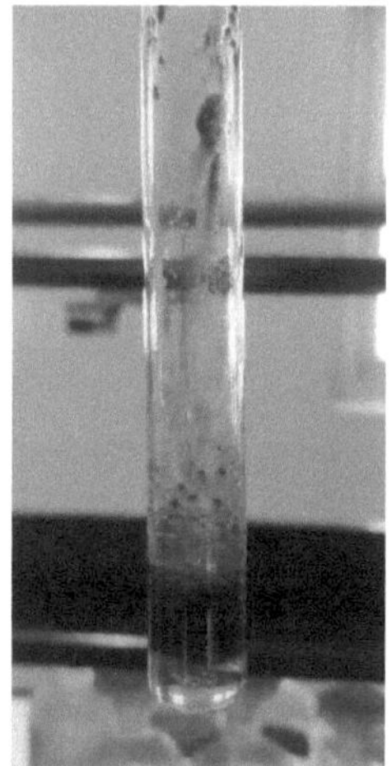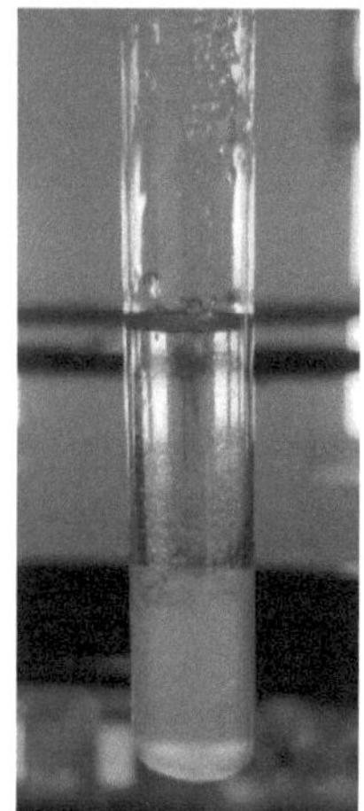

Figura 6.5 Observação para Figura 6.6 Observação para

Acetaminofeno Aspirina

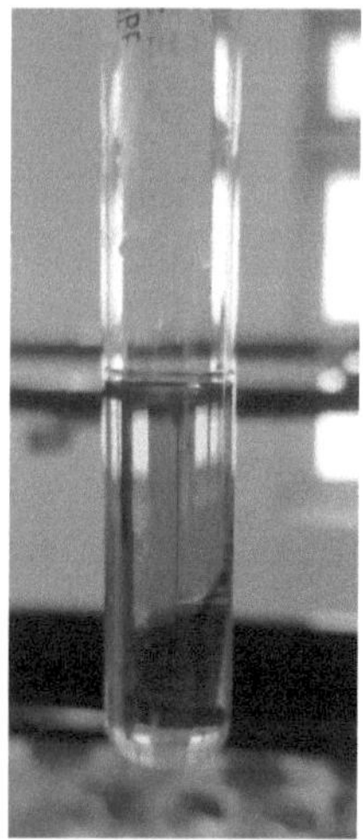

Figura 6.7 Observação para a noz-moscada Figura 6.8 Observação para a codeína

3. ENSAIO DE CLORETO FÉRRICO:

 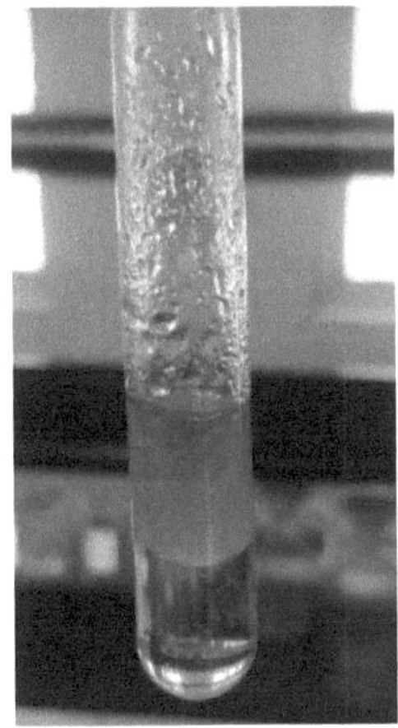

Figura 6.9 Observação para Figura 6.10 Observação para
Acetaminofeno Aspirina

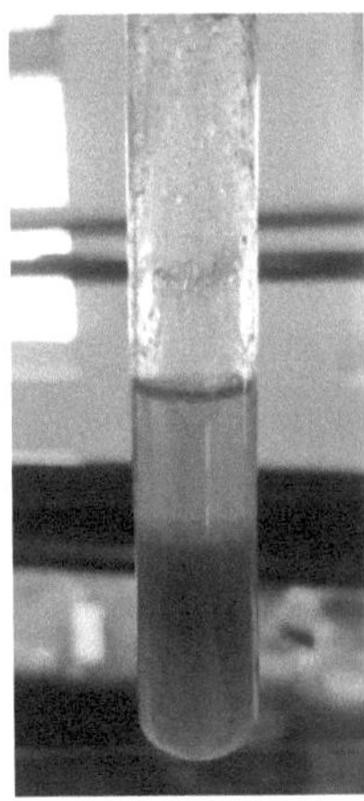 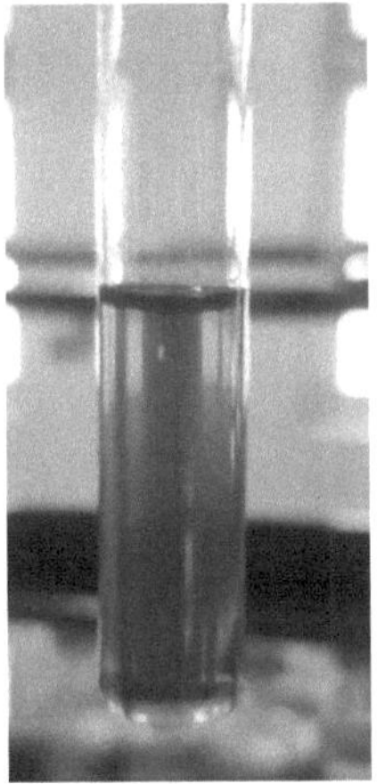

Figura 6.11 Observação para a noz-moscada Figura 6.12 Observação para a
codeína

CAPÍTULO - 7
RESULTADOS E CONCLUSÕES

RESULTADO:

AMOSTRA	TESTE DO REAGENTE MARQUIS	ENSAIO COM ÁCIDO NÍTRICO	ENSAIO COM CLORETO FÉRRICO
ACETAMINOPHEN	Rosa claro	Laranja Brilhante Amarelo	Amarelo esverdeado claro
ASPIRINA	Vermelho profundo	Sem alterações	Incolor
NUTMEG	Vermelho sangue	Laranja	Laranja claro
CODEÍNA	Roxo muito escuro	Amarelo claro	Sem alterações

Tabela 1: Resultados

CONCLUSÃO:

A partir do exame pormenorizado destas drogas ilícitas, pode concluir-se que estes testes preliminares podem dar uma ideia exacta da classe de droga encontrada no local do crime e conclui-se também que uma determinada classe dá apenas uma certa gama de cores.

Por exemplo, para o teste do reagente de marquês, uma mudança de cor púrpura pode sugerir a presença de opiáceos, enquanto as mudanças de cor laranja-castanho podem indicar a presença de anfetaminas.

Certos medicamentos só dão resultados no reagente Marquis, enquanto outros dão resultados tanto no reagente Marquis como no ácido nítrico, mas não no cloreto férrico.

Assim, ao estudar cada droga, podemos encontrar o teste de cor para a droga específica e também podemos começar a processar o teste de confirmação adicional a partir do resultado que obtivemos do exame preliminar.

CAPÍTULO - 8

SIGNIFICADO FORENSE

<u>SIGNIFICADO FORENSE:</u>

- A despistagem rápida através de testes preliminares facilita a identificação rápida de substâncias suspeitas de serem ilícitas, ajudando as autoridades policiais e os laboratórios forenses a dar prioridade às amostras para análise e investigação adicionais.

- Os testes preliminares portáteis permitem que os agentes da autoridade realizem testes no terreno, possibilitando a rápida identificação de substâncias suspeitas durante operações como paragens de trânsito e rusgas, aumentando assim a segurança pública e permitindo a apreensão de drogas ilícitas.

- Os testes preliminares permitem a identificação presuntiva de drogas ilícitas com base em alterações de cor ou reacções caraterísticas, oferecendo informações iniciais valiosas que orientam análises subsequentes utilizando técnicas mais sofisticadas.

- Com uma boa relação custo-eficácia, os testes preliminares oferecem um meio rápido e económico de rastreio de um grande número de amostras, especialmente em laboratórios forenses de grande volume e em contextos de controlo aduaneiro e fronteiriço.

- A disponibilidade de técnicas rápidas de despistagem de drogas é um fator dissuasor do tráfico e abuso de drogas, contribuindo para os esforços de prevenção da criminalidade e desencorajando os indivíduos de se envolverem em actividades ilegais relacionadas com drogas.

- Os dados recolhidos a partir de testes preliminares de drogas ilícitas informam as bases de dados de informações forenses e a análise de tendências, permitindo que as agências de aplicação da lei identifiquem tendências emergentes de drogas, rotas de tráfico e padrões de abuso de drogas nas comunidades.

- Os resultados dos testes preliminares podem servir de prova em processos judiciais, apoiando determinações de causa provável, mandados de busca e detenções, embora sejam normalmente necessários testes de confirmação para estabelecer a identidade e a pureza das substâncias apreendidas.

- A análise forense de drogas ilícitas através de testes preliminares contribui para os esforços de monitorização da saúde pública, identificando substâncias perigosas e produtos farmacêuticos falsificados, ajudando assim a prevenir overdoses acidentais, reacções adversas e emergências de saúde pública.

- Os testes preliminares desempenham um papel importante no apoio aos esforços de redução de danos, identificando a presença de substâncias nocivas ou contaminantes em drogas ilícitas. Esta informação permite que os programas de sensibilização e os prestadores de cuidados de saúde eduquem os utilizadores sobre os riscos potenciais e forneçam intervenções específicas para minimizar os danos.

- Os testes preliminares fornecem informações sobre a qualidade e a pureza das drogas ilícitas que circulam no mercado clandestino. A análise das variações na composição das drogas ajuda a identificar padrões de tráfico de drogas e informa os esforços para interromper as cadeias de abastecimento e combater as redes de crime organizado.

CAPÍTULO - 9
BIBLOGRAFIA

1.   Forensic Science: A Very Short Introduction (1st Edition) Get access Arrow, Jim Fraser, 25 February 2010.

2.   Crosse S, Williams B, Hagen CA, Harmon M, Ristow L, DiGaetano R, Derzon JH. Prevalence and implementation fidelity of research-based prevention programs in public schools: Final report. Washington, DC: U.S. Department of Education, Office of Planning, Evaluation and Policy Development, Policy and Program Studies Service; 2011.

3.   Center for Behavioral Health Statistics and Quality. Results from the 2015 National Survey on Drug Use and Health: Detailed tables. Rockville, MD: Substance Abuse and Mental Health Services Administration; 2016.

4.   Substance Abuse and Mental Health Services Administration. Behavioral health, United States, 2012. Rockville, MD: Substance Abuse and Mental Health Services Administration; 2013. (HHS Publication No (SMA) 13-4797)

5.   Blum RW, Qureshi F. Morbidity and mortality among adolescents and young adults in the United States. Baltimore, MD: Johns Hopkins Bloomberg School of Public Health, Department of Population, Family and Reproductive Health; 2011. AstraZeneca Fact Sheet 2011.

6.   White WL. Recovery/remission from substance use disorders: An analysis of reported outcomes in 415 scientific reports, 1868-2011. Philadelphia, PA: Philadelphia Department of Behavioural Health and Intellectual Disability Services; 2012.

7.   Institute of Medicine & Committee on Crossing the Quality Chasm. Improving the quality of health care for mental and substance-use conditions. Washington, DC: National Academies Press; 2006.

8.   Kelly JF, Saitz R, Wakeman S. Language, substance use disorders, and policy: The need to reach consensus on an "addiction-ary" Alcoholism Treatment Quarterly. 2016;34(1):116–123.

9.   Pentz MA. Costs, benefits, and cost-effectiveness of comprehensive drug abuse prevention. In: Bukoski WJ, Evans RI, editors. Cost-benefit/cost-effectiveness research of drug abuse prevention: Implications for programming and policy. NIDA Research Monograph No. 176. Washington, DC: U.S. Government Printing Office; 1998. pp. 111–129.

10. Evans JM, Krainsky E, Fentonmiller K, Brady C, Yoeli E, Jaroszewicz A. Self-regulation in the alcohol industry: Report of the Federal Trade Commission. Washington, DC: U.S. Federal Trade Commission; 2014.

11. Wilson DB, Mitchell O, MacKenzie DL. A systematic review of drug court effects on recidivism. Journal of Experimental Criminology. 2006;2(4):459–487.

12.   Fletcher BW, Wexler HK. National Criminal Justice Drug Abuse Treatment Studies (CJ-DATS): Update and progress. Justice Research and Statistics Association Forum; 2005.

13.   Pharmaceutical Drug Analysis by Ashutosh Kar, New Age International, 2005, Delhi

14.   Forensic Chemistry Hardcover,2 January 2012, by Bell.

15.   Validation of Twelve Chemical Spot Tests for The Detection of Drugs of Abuse, Carol L O'neal, Dennis J Crouch, Alim A Fatah.

16.   Aspirin and Its Colored Complexes: How This Drug Reacts with Metal, Volpi Giorgio, Francesca Turco, Giuseppina Cerrato.

17.   Forensic Chemistry of Substance Misuse, By Leslie a King, 22 Jul 2022.

Printed by Books on Demand GmbH, Norderstedt / Germany